全国高等职业教育机电类“十二五”规划教材

信号处理技术

主　编　王普明　郭建英
副主编　杨　航　陈慧明

黄河水利出版社
·郑州·

内 容 提 要

本书介绍信号处理技术的基本原理、方法和应用。全书共分为8章,内容包括:信号处理技术基础,连续时间信号与系统的时域分析、频域分析、复频域分析,离散时间信号与系统的时域分析和频域分析,z变换,离散傅里叶变换及其快速算法,数字滤波器的设计等。本书可作为高职高专类电子信息、电气、生物医学信号处理等专业学生的教材,也供有关教师和工程技术人员参考。

图书在版编目(CIP)数据

信号处理技术/王普明,郭建英主编.—郑州:黄河水利出版社,2011.12

全国高等职业教育机电类"十二五"规划教材

ISBN 978-7-5509-0044-8

Ⅰ.①信…　Ⅱ.①王…②郭…　Ⅲ.①信号处理-高等职业教育-教材　Ⅳ.①TN911.7

中国版本图书馆CIP数据核字(2011)第272462号

出 版 社:黄河水利出版社

地址:河南省郑州市顺河路黄委会综合楼14层　邮政编码:450003

发行单位:黄河水利出版社

发行部电话:0371-66026940、66020550、66028024、66022620(传真)

E-mail:hhslcbs@126.com

承印单位:郑州海华印务有限公司

开本:787 mm×1 092 mm　1/16

印张:10.25

字数:249千字　　印数:1—4 100

版次:2011年12月第1版　　印次:2011年12月第1次印刷

定价:22.00元

前 言

当今是信息时代,在科研、生产和工程建设中,信号处理技术应用日益广泛,正发挥着越来越重要的作用。所以,作为一名电子信息与电气学科专业的大学生,必须掌握信号处理的基本原理和方法,了解它的应用。

考虑到总学时数的减少,拟在 40 ~ 60 学时内讲授完这门课程,使学生通过本课程的学习,掌握信号处理的基本原理和基本方法,了解信号处理技术的各种应用。为了保存内容的相对完整,方便更多的学校选用,本教材编写的章节较多,教师可以选讲部分章节。

本书共分 8 章,第一章讲述了信号与系统的基本概念,包含信号的分类,信号的描述方法,几种常见的信号,系统的分类,系统的描述方法。第二章讲述了连续时间信号与系统的时域分析,包括系统的微分方程,系统的冲击响应,系统的输入和输出的关系。第三章讲述了连续时间信号与系统的频域分析,包括傅里叶变换的定义、性质以及应用等。第四章讲述了连续时间信号与系统的复频域分析,包括拉普拉斯变换的定义和性质,系统的复频域模型,以及系统函数的相关定义和性质。第五章讲述了离散时间信号与系统的时域分析和频域分析,包含离散时间信号与系统的模型建立、差分方程及其求解方法、序列的傅里叶变换等。第六章讲述了离散时间信号与系统的 z 变换,包括序列的 z 变换,z 变换的基本性质,z 反变换,离散系统的系统函数分析。第七章讲述了离散傅里叶变换及其快速变换,主要包括离散傅里叶变换,离散傅里叶变换的性质,离散傅里叶反变换,快速傅里叶变换。第八章讲述了数字滤波器的设计,包括数字滤波器的基本概念,IIR 和 FIR 数字滤波器的设计方法。

本书编写的主要思路和特色在于:

(1)简化理论的推导,详解结论的应用。

(2)引入 MATLAB 语言,简单易学,以范例为主,图文并茂。

(3)兼顾初学者和工程技术人员实际工程技术分析和设计开发应用的需要,强化基本应用,增加综合应用内容。因此,本书既可作为初学者的教材,又可作为工程技术人员的参考资料,具有广泛的使用群体。

本书由王普明、郭建英担任主编,杨航、陈慧波任担副主编。其中第一章由濮阳职业技术学院张珺编写,第二章由河南机电高等专科学校杨航编写,第三章由濮阳职业技术学院郭建英编写,第四章和第八章由河南机电高等专科学校董骁编写,第五章第一节至第四节和第七章由三门峡职业技术学院陈慧波编写,第五章第五节和附录由河南机电高等专科学校李雪编写,第六章由河南机电高等专科学校王普明编写。本书在编写过程中得到了许多老师的支持和帮助,在此深表感谢。

本书可作为高等院校电子信息类相关专业学生的基础课教材,也可作为从事信号处理工作的工程技术人员的参考用书。

本书的编写得到黄河水利出版社的大力支持，在此深表谢意。

因时间仓促、水平有限，书中难免存在不妥之处，敬请读者批评指正。

编　者

2011年10月

目 录

第一章　信号处理技术基础

第一节　引　言

信号是消息的表现形式,消息则是信号的具体内容。而系统就是由若干相互作用和相互依赖的事物组合成的具有特定功能的整体。离开了信号,系统就没有了意义;没有了系统,信号就无法传输和处理。所以,信号与系统之间存在着密切的联系。

信号与系统的实例广泛存在于日常生活中。例如,一个电路本身就是一个系统,电路对外加的电压信号和电流信号做出反应。汽车驾驶员踏油门时,汽车就会加速,这时系统就是汽车。一架照相机也是一个系统,该系统接收来自不同光源和物体反射回来的光信号而产生一幅照片。

在各个不同领域内所出现的信号与系统的物理性质很不相同,但全都具有以下共同点:作为一个或几个变量函数的信号都包含了某些现象性质的信息;而系统总是对给定的信号做出响应并产生另外的信号,或是产生出某些所需要的特性。

对信号进行某种加工或变换的过程称为信号处理。处理的目的是:削弱信号中冗余的内容,滤除噪声和干扰,或是将信号变换成容易分析和识别的形式。目前,信号处理技术已经遍及许多科学领域,如石油勘测、地震测量、心脑电图分析、语音识别以及各种数据通信等。

第二节　信　号

一、信号的描述及分类

描述信号的基本方法是给出数学表达式和波形图。信号的数学表达式是时间的函数,根据函数绘出的图像称为信号波形。除表达式和波形这两种直观的描述方法外,随着问题的深入,需要用频谱分析等。在本书中,为方便描述,把信号和函数通用。

对于不同信号,可以从不同角度进行分类。

确定性信号和随机信号　若信号能被表示为一确定函数,对于指定的某一时刻,可确定一相应的函数值,这种信号称为确定性信号或规则信号。例如,我们熟知的正弦信号。相反,若信号具有未可预知的不确定性,这种信号称为随机信号。本教材只讨论确定性信号。

连续时间信号和离散时间信号　按照时间函数取值的连续性与离散性可将信号划分为连续时间信号与离散时间信号(简称连续信号和离散信号)。若在所讨论的时间间隔内,对于任意时间(除不连续点外),都有可以确定的函数值,此信号称为连续信号,一般表示为 $x(t)$。连续信号的幅值可以是连续的,也可以是离散的,如图 1-1 所示。

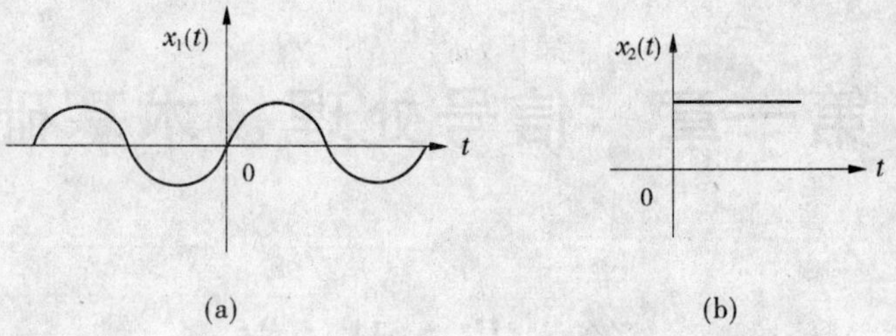

图 1-1　连续信号

离散时间信号在时间上是离散的，只在某些不连续的规定瞬时给出函数值，在其他时间没有定义，一般用 $x(n)$ 表示。相邻离散点的间隔可以是相等的，也可以是不相等的，如图 1-2所示。

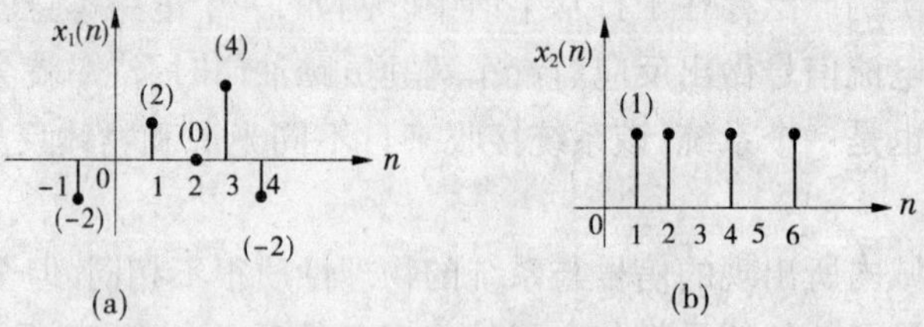

图 1-2　离散信号

周期信号和非周期信号　所谓周期信号就是依一定时间间隔周而复始，而且是无始无终的信号。

连续周期信号的表达式可以写为

$$x(t) = x(t + nT) \quad n = 0, \pm 1, \pm 2, \cdots \tag{1-1}$$

离散周期信号的表达式可以写为

$$x(n) = x(n + nN) \quad n = 0, \pm 1, \pm 2, \cdots \tag{1-2}$$

T 和 N 称为信号周期。只要给出周期信号的任意周期的表达式或波形，便可确定其他任意时刻的值，如图 1-3 所示。

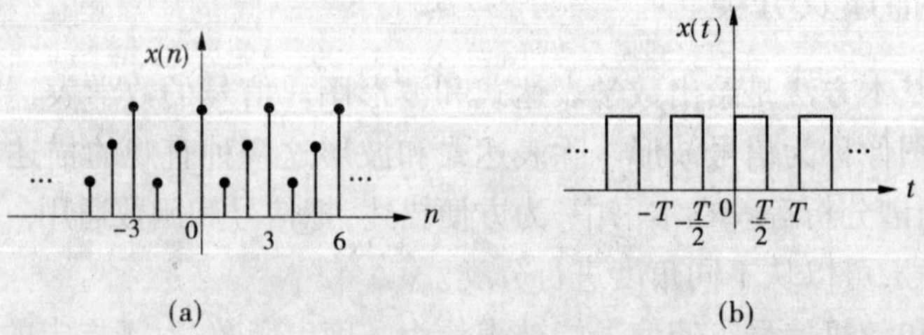

图 1-3　周期信号

若信号在时间上不具有周而复始的特性，则此类信号称为非周期信号。非周期信号可以认为是周期信号的周期趋于无穷大的特殊情况，如图 1-4 所示。

二、常用典型信号

下面给出一些典型信号的表达式和波形，今后会经常遇到这些信号。

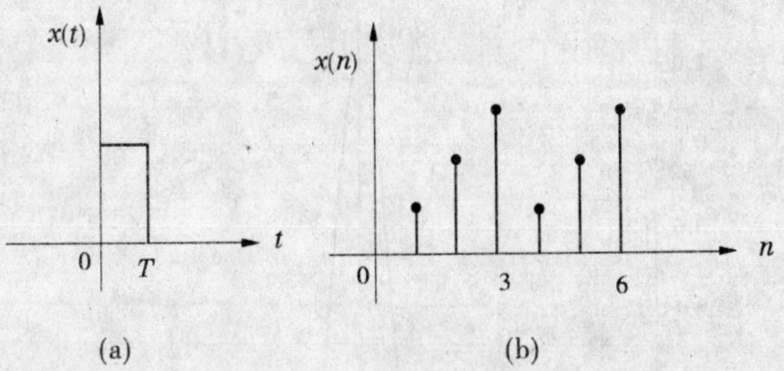

图 1-4　非周期信号

(一)典型的连续信号

1. 指数信号

指数信号的表达式为

$$x(t) = Ke^{at} \tag{1-3}$$

式中,a 是实数。若 $a>0$,信号随时间增强;若 $a<0$,信号则随时间衰减;在 $a=0$ 的特殊情况下,信号不随时间变化,成为直流信号。常数 K 表示指数信号在 $t=0$ 点的初值。指数信号的波形如图 1-5 所示。

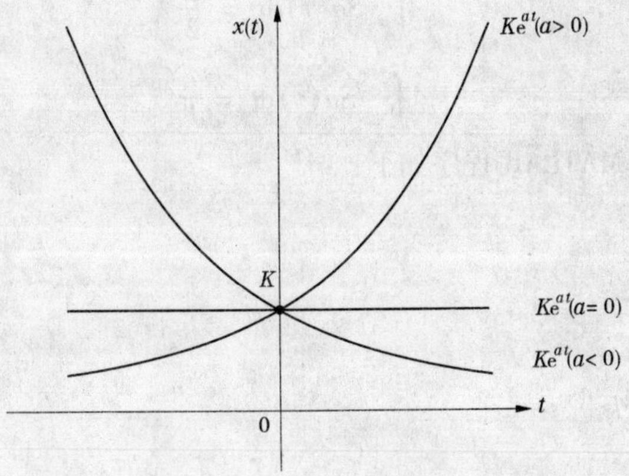

图 1-5　指数信号的波形

产生指数信号的 MATLAB 程序如下:

```
t = -0.5:0.01:0.5;
a = 3;
K = 5;
x = K * exp( a * t);
plot( t,x);
```

2. 抽样信号

所谓抽样信号,是指 $\sin(t)$ 与 t 之比构成的函数,以符号 $Sa(t)$ 表示:

$$Sa(t) = \frac{\sin(t)}{t} \tag{1-4}$$

抽样信号的波形如图 1-6 所示。

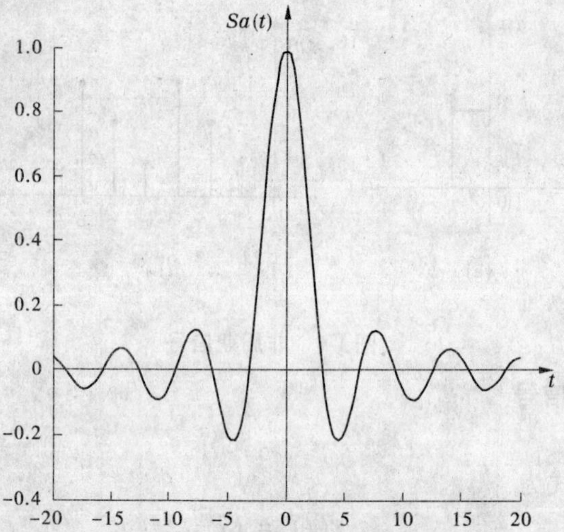

图 1-6　抽样信号的波形

抽样信号的重要性质有：

$$\int_{0}^{+\infty} Sa(t)\,\mathrm{d}t = \frac{\pi}{2}$$

$$\int_{-\infty}^{+\infty} Sa(t)\,\mathrm{d}t = \pi$$

产生抽样信号的 MATLAB 程序如下：

```
t = -20:0.01:20;
x = sin(t)/t;
plot(t,x);
```

3. 门信号

门信号的表达式为

$$g_\tau(t) = \begin{cases} 1, & -\dfrac{\tau}{2} < t < \dfrac{\tau}{2} \\ 0, & t \text{ 取其他值} \end{cases} \tag{1-5}$$

门信号的波形如图 1-7 所示。

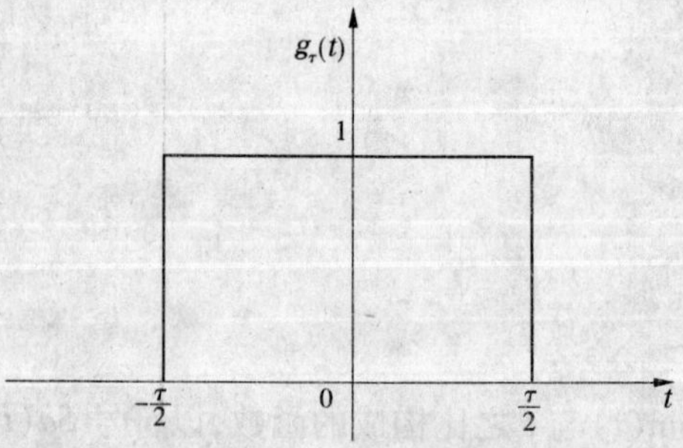

图 1-7　门信号的波形

4. 单位阶跃信号

单位阶跃信号的波形如图 1-8 所示，通常以符号 $u(t)$ 表示：

$$u(t) = \begin{cases} 1, & t > 0 \\ 0, & t < 0 \end{cases} \tag{1-6}$$

图 1-8　单位阶跃信号的波形

阶跃信号具有鲜明的单边特性，即信号在某接入时刻 t_0 以前的幅度为零。利用阶跃信号的这一特性，可以方便地以表达式描述各种信号的接入特性。

如图 1-9 中的信号，可以用表达式表示为 $x(t) = \sin(t) \cdot u(t)$。

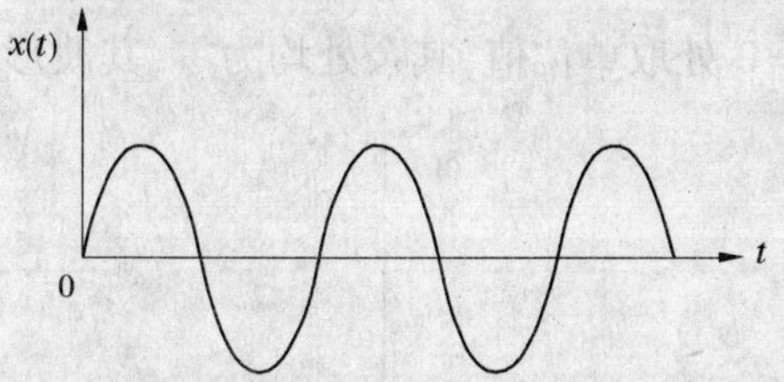

图 1-9　$\sin(t) \cdot u(t)$ 的波形

5. 单位冲激信号

某些物理现象需要用一个时间极短，但取值极大的函数模型来描述，例如力学中瞬间作用的冲击力，电学中的雷击闪电，数字通信中的抽样脉冲等。冲激信号就是以这种实际问题为背景引出的。

冲激信号的定义式为

$$\begin{cases} \delta(t) = 0, & t \neq 0 \\ \delta(t) = +\infty, & t = 0 \\ \int_{-\infty}^{+\infty} \delta(t) = 1 \end{cases} \tag{1-7}$$

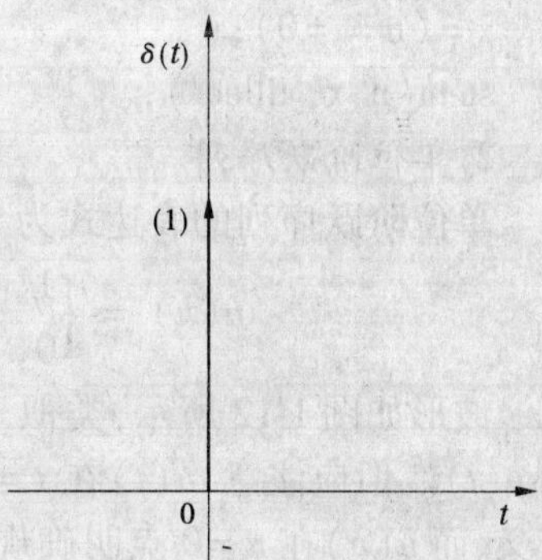

图 1-10　冲激信号的波形

冲激信号的波形如图 1-10 所示。

产生冲激信号的 MATLAB 程序如下：

```
i =0.5;
for m =1:4;
  i =i^m;
  x =((t >-i)-(t >i))./(2 * i);
  figure(m);
  stairs(t,x);
end
```

冲激信号的性质有：

性质1　冲激信号是偶函数，即 $\delta(t)=\delta(-t)$。

性质2　取样特性或筛选特性。

设 $x(t)$ 为连续时间信号，且在 $t=0$ 处连续，则

$$x(t)\cdot\delta(t)=x(0)\cdot\delta(t) \tag{1-8}$$

$$\int_{-\infty}^{+\infty}x(t)\cdot\delta(t)=\int_{-\infty}^{+\infty}x(0)\cdot\delta(t)=x(0) \tag{1-9}$$

性质3　阶跃信号和冲激信号互为微积分关系，即

$$\delta(t)=\frac{\mathrm{d}u(t)}{\mathrm{d}t} \tag{1-10}$$

$$u(t)=\int_{-\infty}^{t}\delta(\tau)\mathrm{d}\tau \tag{1-11}$$

（二）典型离散时间信号

1. 单位脉冲序列

单位脉冲序列也称为单位冲激序列 $\delta(n)$，其表达式为

$$\delta(n)=\begin{cases}1, & n=0\\0, & n\neq 0\end{cases} \tag{1-12}$$

单位冲激序列仅在 $n=0$ 处取单位值，其余处均为零，其波形如图 1-11 所示。

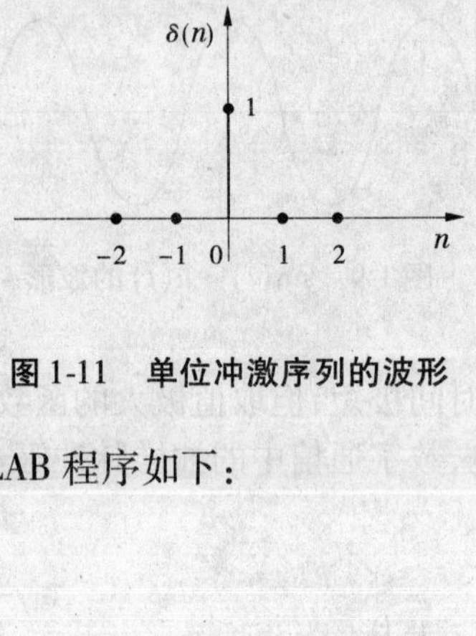

图 1-11　单位冲激序列的波形

产生单位冲激序列的 MATLAB 程序如下：

```
n=-20:20;
x=(n==0);
stem(n,x,'filled');
```

2. 单位阶跃序列

单位阶跃序列的表达式为

$$u(n)=\begin{cases}1, & n\geqslant 0\\0, & n<0\end{cases} \tag{1-13}$$

波形如图 1-12 所示，类似于连续时间的单位阶跃信号 $u(t)$。但应注意，$u(t)$ 在 $t=0$ 点发生跳变，往往不予定义，而 $u(n)$ 在 $n=0$ 点明确规定为 $u(0)=1$。

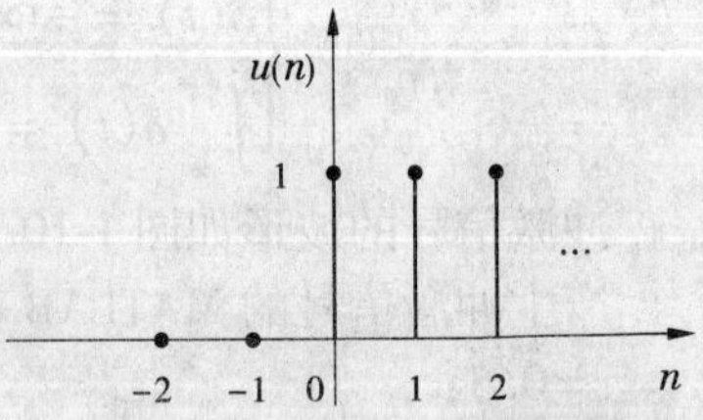

图 1-12　单位阶跃序列的波形

产生单位阶跃序列的 MATLAB 程序如下：

```
n=-20:20;
x=(n>=0);
stem(n,x,'filled');
```

3. 正弦序列

正弦序列的包络按照正弦规律变化,表达式为

$$x(n) = \sin(\omega n) \tag{1-14}$$

式中,ω 为数字频率,单位为弧度(rad)。

波形如图 1-13 所示。

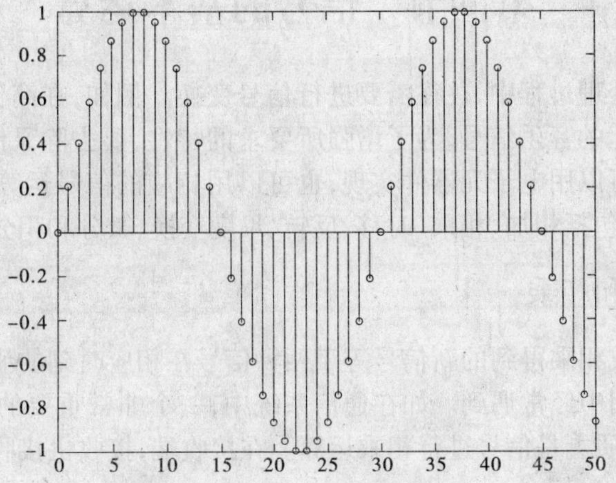

图 1-13　正弦序列的波形

产生正弦序列的 MATLAB 程序如下:

```
n = 0:50;
x = sin(pi/15 * n);
stem(n,x,'filled');
```

4. 单边指数序列

单边指数序列的表达式为

$$x(n) = e^{an} \cdot u(n) \tag{1-15}$$

波形如图 1-14 所示($a<0$)。

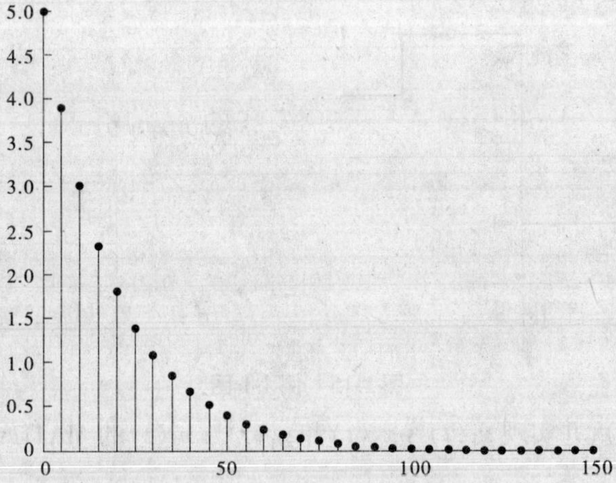

图 1-14　单边指数序列的波形

产生单边指数序列的 MATLAB 程序如下：

```
n=0:5:150;
x=5*exp(0.05*n);
stem(x,n,'filled');
```

第三节　信号的基本运算

在信号传输和处理过程中，往往需要进行信号变换。例如，在高保真音频系统中，对于录制在磁带或唱片上的音乐信号，为了增强所要求的特性，要去除录制噪声，平衡几种信号分量等。这些变换可以用电子元器件实现，也可以用相应的信号运算表示。本节内容只涉及信号的基本运算，包括相加、相乘、时移、反转、尺度变换、微分和积分、差分等。

一、信号相加和相乘

两种信号相加或相乘得到的新信号等于两种信号在相应时刻的值的相加或相乘。这种信号运算在实际应用中经常遇到。如在通信系统中，一个非常重要的环节就是信号的调制解调，而调制解调实质上是信号进行相乘运算。在接收端，接收机接收到的往往是信号和噪声的叠加。

【例 1-1】　连续时间信号 $x_1(t)$、$x_2(t)$ 的波形如图 1-15(a)、(b)所示，可画出 $x_1(t)+x_2(t)$ 和 $x_1(t)\cdot x_2(t)$ 的波形，如图 1-15(c)、(d)所示。

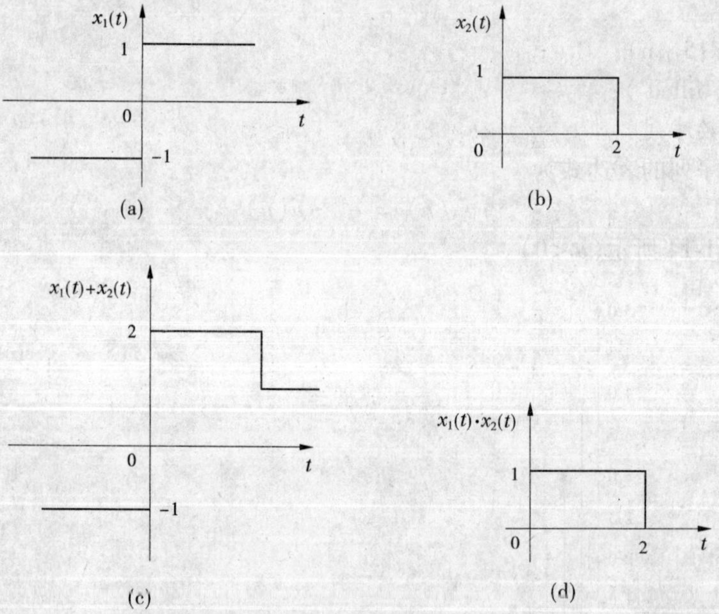

图 1-15　例 1-1 图

产生 $x_1(t)$、$x_2(t)$，并实现 $x_1(t)+x_2(t)$ 和 $x_1(t)\cdot x_2(t)$ 的 MATLAB 程序如下：

```
t=-20:0.01:20;
x1=(t>0)-(t<0);
x2=(t>0)-(t>20);
```

```
fugure(1);
subplot(2,1,1);
plot(t,x1);
subplot(2,1,2);
plot(t,x2);
figure(2);
y1 = x1 + x2;
y2 = x1 * x2;
subplot(2,1,1);
plot(t,y1);
subplot(2,1,2);
plot(t,y2);
```

【例 1-2】 离散信号 $x_1(n)$ 和 $x_2(n)$ 的波形图如图 1-16(a)、(b)所示，试画出 $x_1(n)+x_2(n)$、$x_1(n)\cdot x_2(n)$ 的波形。

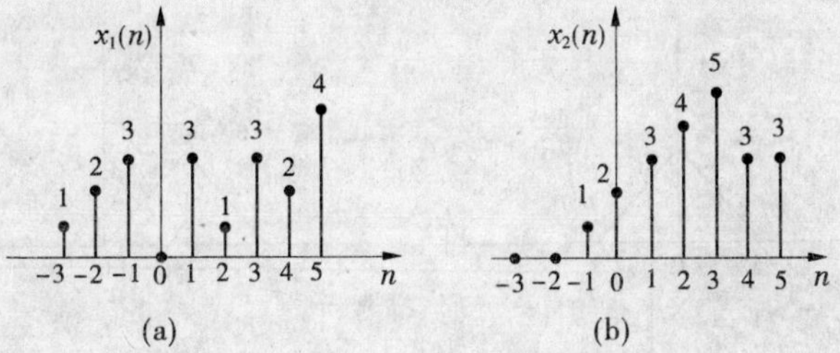

图 1-16 例 1-2 图

$x_1(n)+x_2(n)$、$x_1(n)\cdot x_2(n)$ 的波形如图 1-17 所示。

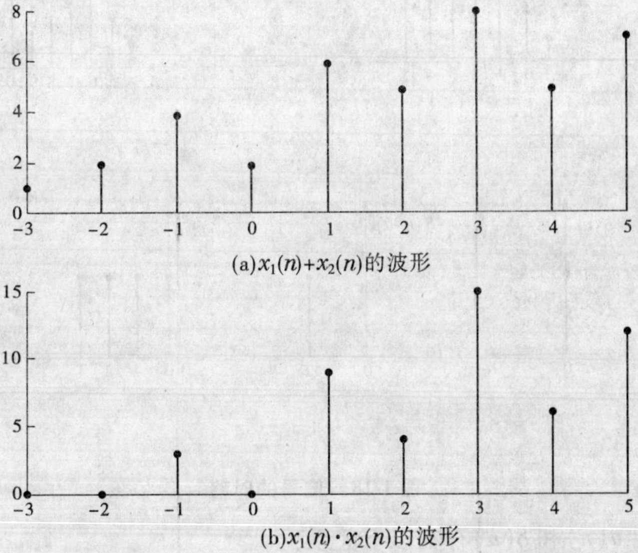

图 1-17 $x_1(n)+x_2(n)$、$x_1(n)\cdot x_2(n)$ 的波形

实现 $x_1(n)+x_2(n)$、$x_1(n)\cdot x_2(n)$的 MATLAB 程序如下：

```
n = -3:5;
x1 = [1,2,3,0,3,1,3,2,4];
x2 = [0,0,1,2,3,4,5,3,3];
y1 = x1 + x2;
y2 = x1 * x2;
subplot(2,1,1);
stem(n,y1,'filled');
subplot(2,1,1);
stem(n,y2,'filled');
```

二、时移

信号的自变量由 t(或 n)变换为 $t-t_0$(或 $n-k$)得到信号 $x(t-t_0)$(或 $x(n-k)$)，这种变换称为信号的时移，如图 1-18 所示。

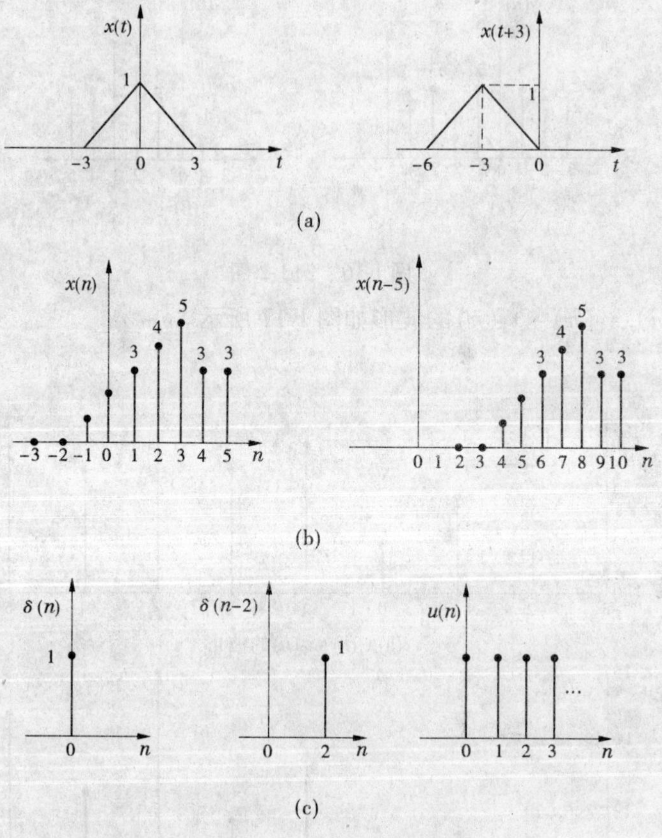

图 1-18　信号的时移

由图可以看出 $u(n)$和 $\delta(n)$存在以下关系：

$$u(n)=\delta(n)+\delta(n-1)+\delta(n-2)+\cdots=\sum_{k=0}^{+\infty}\delta(n-k)$$

在 MATLAB 中，实现信号时移的指令是 subs。

三、反转

将信号的自变量 t(或 n)变换为 $-t$(或 $-n$)，得到信号 $x(-t)$(或 $x(-n)$)，这种变换称为信号的反转。$x(-t)$的波形可以由 $x(t)$的波形以 $t=0$ 为轴反转得到，$x(-n)$的波形可以由 $x(n)$的波形以 $n=0$ 为轴反转得到。

在 MATLAB 中可以用指令 fliplr 来实现信号的反转。

四、尺度变换

将连续时间信号的自变量 t 变换为 at，得到信号 $x(at)$的过程，称为尺度变换。连续时间信号的尺度变换对应着时间上的压缩和扩展。若 $a>1$，则 $x(at)$的波形为 $x(t)$的波形沿 t 压缩为原来的$\frac{1}{a}$；若 $a<1$，则 $x(at)$的波形为 $x(t)$的波形沿 t 扩展为原来的$\frac{1}{a}$倍，如图 1-19 所示。

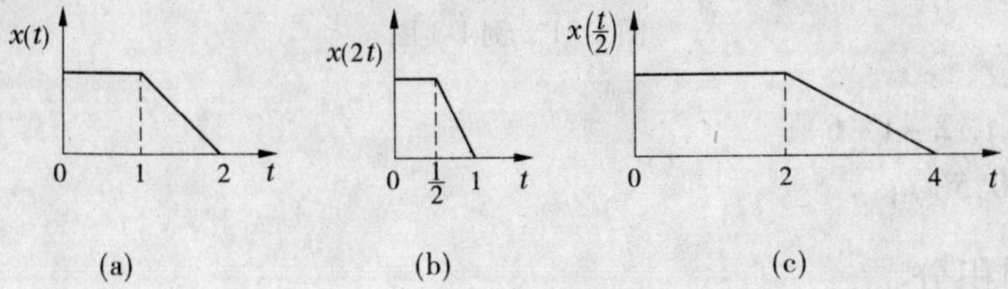

图 1-19　连续时间信号的尺度变换

若将 $x(t)$想象为一盘录音带的话，$x(-t)$代表将录音带倒过来放，而 $x(2t)$表示以两倍的速度放音，$x\left(\frac{t}{2}\right)$表示将放音速度降低一半。

对于离散时间信号，将自变量 n 变为 kn，得到 $x(kn)$的过程，称为离散时间信号的尺度变换。离散时间信号的尺度变换对应着信号的抽取和插样。例如，$x(2n)$表示每隔一个点，抽取 $x(n)$的一个数值，如图 1-20 所示。

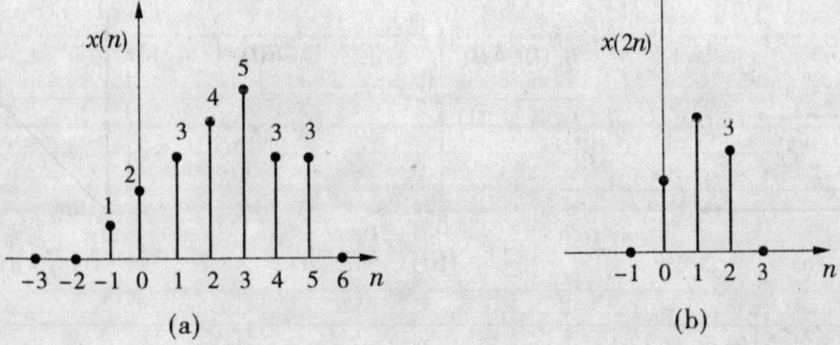

图 1-20　离散时间信号的尺度变换

【例 1-3】　已知信号 $x(t)$的波形如图 1-21(a)所示，试画出 $x(-2t+6)$的波形。

解　$x(-2t+6)$是 $x(t)$的时移、反转和尺度变换的综合。进行变换的顺序有多种，这里用先反转，再尺度变换，最后时移的顺序，如图 1-21 所示。

对应的 MATLAB 程序如下：

```
x = 'heaviside(t)-(t-1)*heaviside(t-1)+(t-2)*heaviside(t-2)';
```

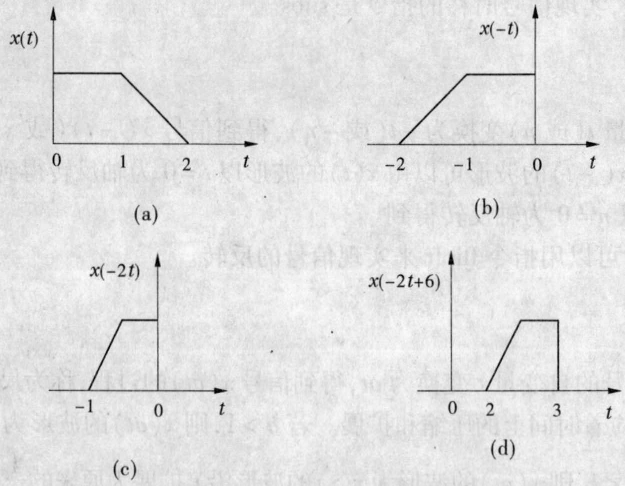

图 1-21　例 1-3 图

```
x1 = subs(x,t,-2 * t +6);
ezplot(x1,[0,5]);
```

五、微分和积分

信号的微分定义为

$$x'(t) = \frac{\mathrm{d}x(t)}{\mathrm{d}t} \tag{1-16}$$

信号的积分定义为

$$x(t) = \int_{-\infty}^{t} x(\tau)\,\mathrm{d}\tau \tag{1-17}$$

信号的微分可以求出信号的变换部分,而积分则起到平滑信号的作用。

【例 1-4】　画出阶跃信号 $u(t)$ 的微分和积分信号的波形,如图 1-22 所示。

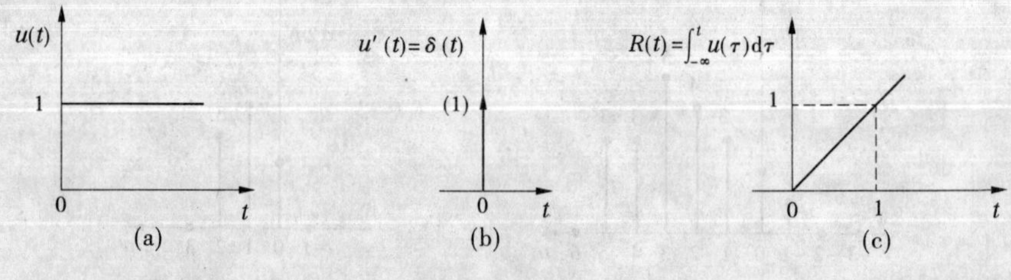

图 1-22　例 1-4 图

由图 1-22 可以看出单位阶跃信号 $u(t)$、单位冲激信号 $\delta(t)$ 和单位斜变函数 $R(t)$ 满足以下关系:

$$u'(t) = \delta(t) \tag{1-18}$$

$$R(t) = \int_{-\infty}^{t} u(\tau)\,\mathrm{d}\tau \tag{1-19}$$

六、差分

同一个离散信号的相邻序列值的差，称为该离散信号的差分。有前向差分和后向差分两种。

$$\triangle x(n) = x(n+1) - x(n) \tag{1-20}$$

$$\nabla x(n) = x(n) - x(n-1) \tag{1-21}$$

第四节　系　统

一、系统的基本概念

所谓系统，就是由若干相互作用和相互依赖的事物组合而成的具有特定功能的整体。系统也可以看做一个过程，在该过程中，输入信号被系统所改变，或说系统以某种方式对信号作出响应，如图 1-23 所示。

图 1-23　系统框图

例如电视系统，摄像机把目标图像的光信息转换成相应的电信号，微音器把伴随图像的声音也转换成相应的电信号。这些信号经过发射机处理与放大后通过天线以电磁波的形式发射到空间，接收机则把天线接收到的信号进行放大后送到显像管和扬声器。

系统的种类很多，如通信系统、计算机系统、社会系统等。系统规模可大可小。如电视系统是较大的系统，而其中的发射机、接收机、信号处理电路等是电视系统的组成部分，每个部分又是一个较小的系统，称为子系统。

系统的功能多种多样，随其构成而定。系统的输入、输出信号如果都是一个，称此系统为单入单出系统，如图 1-24(a)所示。系统的输入信号可能有多个，输出信号也可能有多个，称这样的系统为多入多出系统，如图 1-24(b)所示。

(a)单入单出系统

(b)多入多出系统

图 1-24　系统构成

二、系统描述和分析

系统分析的过程,是将实际物理问题抽象为数学模型,经数学解析后再回到物理实际的过程。所谓数学模型,是系统物理特性的数学抽象。建立数学模型就是给出系统输入信号和输出信号之间关系的描述。例如,由电阻器、电容器和线圈组合成的串联电路,可抽象表示为图 1-25 所示模型。

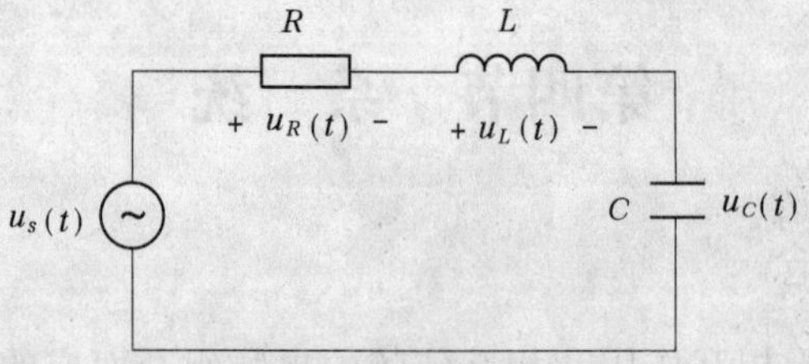

图 1-25　RLC 串联电路

根据基尔霍夫定律得

$$u_R(t)+u_L(t)+u_C(t)-u_s(t)=0$$

并且

$$i_C(t)=i_R(t)=i_L(t)=i(t)$$

$$i_C(t)=C\frac{\mathrm{d}u_C(t)}{\mathrm{d}t}=Cu'_C(t)$$

$$u_R(t)=Ri(t)=RCu'_C(t)$$

$$u_L(t)=L\frac{\mathrm{d}i_L(t)}{\mathrm{d}t}=LCu''_C(t)$$

所以可得

$$LCu''_C(t)+RCu'_C(t)+u_C(t)=u_s(t) \tag{1-22}$$

式(1-22)是一个二阶常系数微分方程,它描述的就是图 1-25 所示的二阶系统。同理,一个 n 阶系统,可以用 n 阶微分方程来描述。

系统数学模型的求解方法,可以分为时间域方法和变换域方法,后面章节将会陆续讲解。

三、系统的分类

实际运行的系统多种多样。按其工作性质来分,系统可分为以下几种。

(一)连续时间系统和离散时间系统

连续时间系统指系统的输入信号和输出信号都是连续时间信号。如常见的 RLC 电路。如果系统的输入信号和输出信号都是离散时间信号,则称此系统为离散时间系统。如数字计算机等。实际应用中的系统往往是两种系统的综合,如通信、图像处理、信号处理、工业过程控制等系统。

(二)线性系统和非线性系统

线性包括可加性和齐次性,同时满足可加性和齐次性的系统称为线性系统,否则称为非线性系统。

可加性是指:若系统的输入为$f_1(t)$,系统的输出为$y_1(t)$,若系统的输入为$f_2(t)$,系统的输出为$y_2(t)$,则当系统的输入为$f_1(t)+f_2(t)$时,系统的输出为$y_1(t)+y_2(t)$。

齐次性是指:若系统的输入为$f(t)$,系统的输出为$y(t)$,则当系统的输入为$af(t)$时,系统的输出为$ay(t)$。

把定义线性系统的两个性质结合在一起可以简单写成:

连续时间

$$ax_1(t)+bx_2(t)\rightarrow ay_1(t)+by_2(t) \tag{1-23}$$

离散时间

$$ax_1(n)+bx_2(n)\rightarrow ay_1(n)+by_2(n) \tag{1-24}$$

系统是否为线性系统,可以根据系统的描述方程来判断。

【例 1-5】 设一个系统的输入输出关系为$y(t)=2x(t)$,判断该系统是否为线性系统。

解 设系统的输入分别为$x_1(t)$和$x_2(t)$时,对应的输出分别为$y_1(t)$和$y_2(t)$,则当系统的输入为$x_3(t)=ax_1(t)+bx_2(t)$时,对应的输出为

$$y_3(t)=2x_3(t)=2[ax_1(t)+bx_2(t)]=2ax_1(t)+2bx_2(t)=ay_1(t)+by_2(t)$$

所以,该系统为线性系统。

【例 1-6】 判断系统$y(n)=x^2(n)$是否为线性系统。

解 设系统的输入为$x_1(n)$时,输出为$y_1(n)=x_1^2(n)$,输入为$x_2(n)$时,输出为$y_2(n)=x_2^2(n)$,则当系统的输入为$x_3(n)=ax_1(n)+bx_2(n)$时,对应的输出为

$$y_3(n)=x_3^2(n)\neq ay_1(n)+by_2(n)$$

所以,该系统不是线性系统。

(三)时变系统和时不变系统

如果系统的元器件参数不随时间改变,则称为时不变系统,否则称为时变系统。即当系统的输入为$f(t)$时,输出为$y(t)$,输入为$f(t-t_0)$时,输出为$y(t-t_0)$,则这样的系统即为时不变系统。时不变系统的重要特性是:系统响应的变化规律不因为输入信号的接入时间不同而改变,如图 1-26 所示。

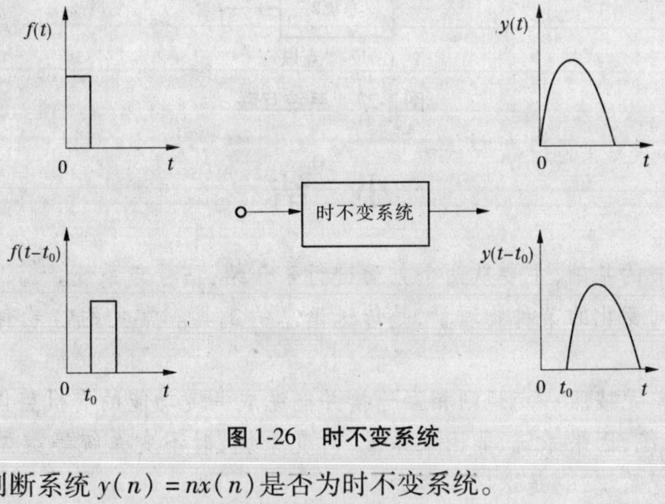

图 1-26 时不变系统

【例 1-7】 判断系统$y(n)=nx(n)$是否为时不变系统。

解 当输入为$x_1(n-k)$时,输出为$y_1(n)=nx_1(n-k)$,而

$$y(n-k)=(n-k)x(n-k)\neq y_1(n)$$

所以,该系统不是时不变系统。

(四)因果系统和非因果系统

如果在激励信号作用之前系统不产生响应,则这样的系统称为因果系统,否则称为非因果系统。由于因果系统在物理上可以实现,所以又称为物理可实现系统。而非因果系统称为物理不可实现系统。

例如系统 $y(n)=x(n)-x(n+1)$ 和 $y(t)=x(t+1)$ 都是因果系统,而 $y(n)=x(-n)$ 不是因果系统。

同时具有线性、时不变特性的系统称为线性时不变系统(LTI)。由于我们在实际应用中经常遇到线性时不变系统,因此在系统分析中,线性时不变系统的分析具有很重要的意义。本书以线性时不变系统的分析为主。

四、系统的互联

很多系统都是由几个子系统互联构成的。系统互联经常遇到的形式有串联、并联和反馈互联,如图 1-27 所示。

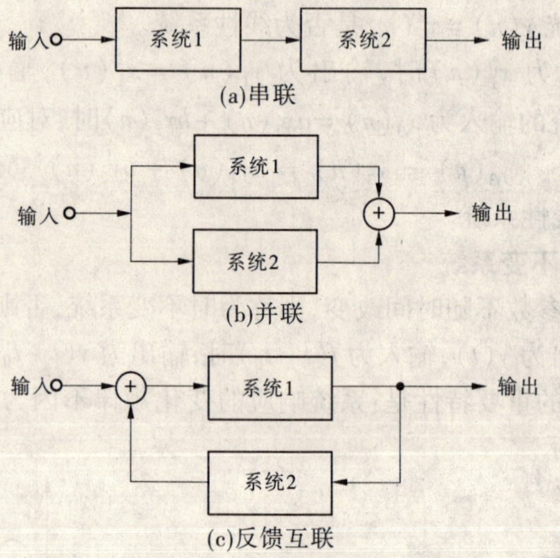

图 1-27　系统互联

小　结

本章作为本书的基础,主要从两个方面进行了介绍:信号与系统。

信号是随时间变化的某种物理量,是传送消息的工具。常见的信号有连续时间信号和离散时间信号。

系统是若干单元按照一定规则相互连接并能完成一定功能的有机整体。系统可分为线性系统、非线性系统,因果系统、非因果系统,时变系统、时不变系统等类型。最常见的系统类型为线性时不变系统,它是这门课程的重点。

习 题

1-1 填空题

(1)$\delta(t)\cdot \cos t=$______，$\delta(t+1)\cos\omega_0 t=$______，$\delta(t)\cdot\cos\omega_0(t-\tau)=$______，$(1-\cos t)\delta(t-\frac{\pi}{2})=$______

(2)$\int_{-\infty}^{+\infty}(1-\cos t)\delta(t-\frac{\pi}{2})\mathrm{d}t=$______，$\int_{-\infty}^{+\infty}\delta(t)\cdot\cos t\mathrm{d}t=$______，$\int_{-\infty}^{+\infty}\delta(t)\cos\omega_0 t\mathrm{d}t=$______，$\int_{-\infty}^{t}\delta(\tau)\cos\omega_0\tau\mathrm{d}\tau=$______，$\int_{-\infty}^{+\infty}\delta(t+1)\cos\omega_0 t\mathrm{d}t=$______，$\int_{-\infty}^{t}\delta(\tau+1)\cos\omega_0\tau\mathrm{d}\tau=$______

1-2 已知信号$x(t)$的波形如图1-28所示，试画出下列信号的波形。

(1)$2x(t-2)$

(2)$x(2t)$

(3)$x\left(\frac{t}{2}\right)$

(4)$x(-t+1)$

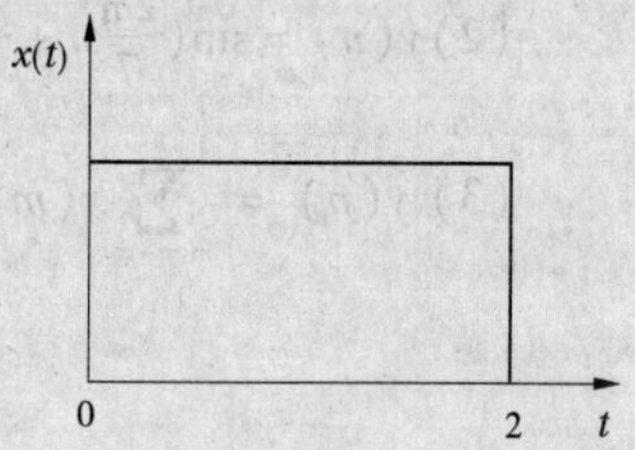

图1-28 题1-2图

1-3 信号$x(t)$如图1-29所示，试求$x'(t)$的表达式，并画出$x'(t)$的波形。

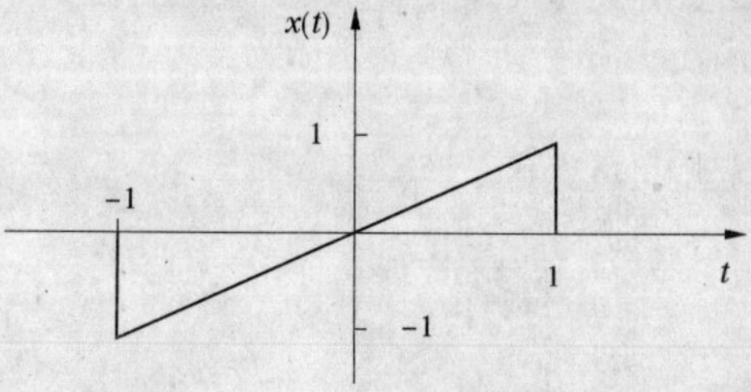

图1-29 题1-3图

1-4 $x(t)$的波形如图1-30所示，试写出其表达式（要求用阶跃信号表示）。

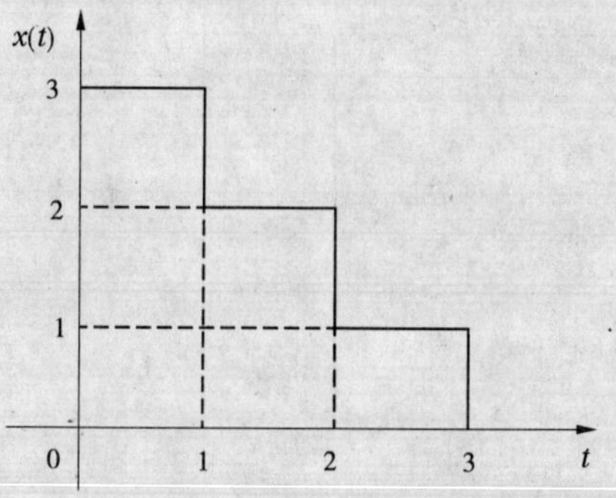

图1-30 题1-4图

1-5 绘出下列信号的波形。

(1) $te^{-t}u(t)$

(2) $u(t)-2u(t-2)+u(t-3)$

(3) $t[u(t)-u(t-1)]$

(4) $tu(t-1)$

(5) $\sin(\omega t)\cdot u(t)$

(6) $\sin(\omega t)\cdot u(t-t_0)$

(7) $\sin[\omega(t-t_0)]\cdot u(t-t_0)$

1-6 讨论以下系统是不是线性时不变系统,并说明理由。

(1) $y(t)=2x(t)+3$

(2) $y(n)=\sin(\frac{2\pi}{7}n+\frac{\pi}{6})x(n)$

(3) $y(n)=\sum_{m=-\infty}^{n}x(m)$

第二章　连续时间信号与系统的时域分析

第一节　引　言

本章将重点介绍连续时间信号与系统的时域分析法。连续线性时不变系统的分析，实际就是建立并求解线性微分方程的过程。在连续线性时不变系统的数学模型微分方程中，包含表示激励和响应的时间函数以及它们对时间的各阶导数的线性组合。这些函数的变量都是时间 t，基于此的分析方法通常称为时域分析法。

连续时间信号与系统的时域分析是基于系统的数学模型（即系统的输入输出方程）进行的，因此正确建立系统的数学模型是分析系统的先决条件。在本章中对算子表示法进行讲解，以便将微、积分方程从形式上转换为代数方程来简化求解过程，这既是时域分析法的一种简洁有效的方法，又可和后续章节对应，构成信号与系统统一的分析方法。

用时域分析法求解系统响应时，既可将全响应分成固有响应和强迫响应，也可分成零输入响应和零状态响应，前者的求解过程与求解常系数微分方程的齐次解和特解一致，称为经典法，在本章中不再重复讲解。本章将重点讲解后者的求解过程。

第二节　连续时间系统的数学模型和算子方程

一、连续时间系统的数学模型

连续时间系统的数学模型是用来描述系统输入激励和输出响应之间关系的数学方程，一般为 n 阶常系数微分方程，下面以两个系统为例来说明系统输入输出方程的建立过程。

【例 2-1】　如图 2-1 所示，光滑平面上有一刚性小球，质量为 m，外力 $x(t)$ 沿水平方向作用于该小球。

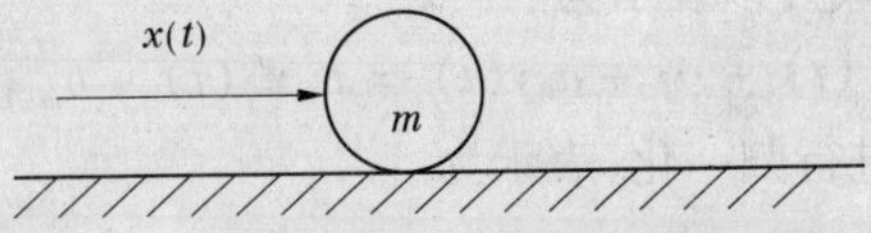

图 2-1　简单力学系统

对于上述力学系统，由牛顿第二定律 $F=ma$ 可得

$$x(t) = ma(t)$$

而

$$a(t) = \frac{\mathrm{d}v(t)}{\mathrm{d}t}$$

所以有

$$x(t) = m\frac{\mathrm{d}v(t)}{\mathrm{d}t}$$

一般情况下,习惯于把系统输出响应置于等式左边,将输入激励置于等式右边,所以可将上式写成

$$\frac{\mathrm{d}v(t)}{\mathrm{d}t} = \frac{x(t)}{m}$$

其中小球速度 $v(t)$ 可视为系统输出响应,外力 $x(t)$ 为输入激励。显然上式是一阶微分方程,所以该系统为一阶系统。此外,要求得 $v(t)$,除要知道小球质量 m 和外力 $x(t)$ 外,还需要知道小球的初始条件 $v(0)$。

【例 2-2】 有一电路系统如图 2-2 所示。

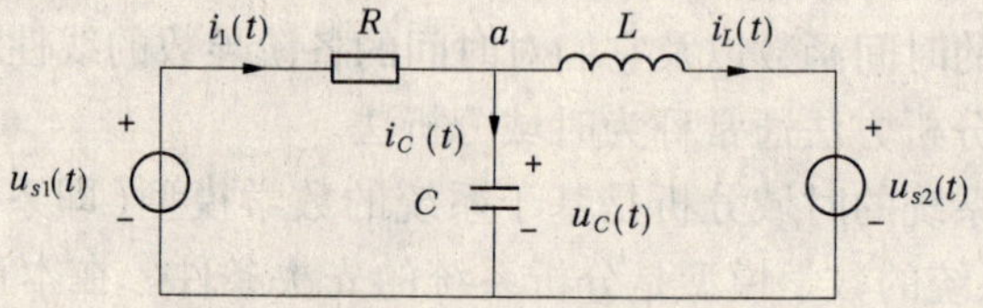

图 2-2 电路系统

电压源 $u_{s1}(t)$ 和 $u_{s2}(t)$ 是电路的输入激励,设电感中电流 $i_L(t)$ 为电路输出响应,由基尔霍夫定律列出节点 a 的支路电流方程

$$i_L(t) = i_1(t) - i_C(t) \tag{2-1}$$

因为

$$i_1(t) = \frac{u_{s1}(t) - u_C(t)}{R} = \frac{u_{s1}(t) - Li'_L(t) - u_{s2}(t)}{R}$$

$$i_C(t) = Cu'_C(t) = C[Li'_L(t) + u_{s2}(t)]' = LCi''_L(t) + Cu'_{s2}(t)$$

将 $i_1(t)$ 和 $i_C(t)$ 代入式(2-1)整理可得

$$i''_L(t) + \frac{1}{RC}i'_L(t) + \frac{1}{LC}i_L(t) = \frac{1}{RLC}[u_{s1}(t) - u_{s2}(t)] - \frac{1}{L}u'_{s2}(t) \tag{2-2}$$

系统输入输出方程是二阶常系数微分方程,给定初始条件 $i_L(0)$ 和 $i'_L(0)$ 后就能求解此方程,求出 $t \geqslant 0$ 时的电感电流 $i_L(t)$。

综上所述,连续时间系统的数学模型可以用常系数微分方程来描述,n 阶连续时间系统的输入输出方程的一般形式可以表示为

$$a_n y^{(n)}(t) + a_{n-1}y^{(n-1)}(t) + \cdots + a_0 y(t) = b_m x^m(t) + b_{m-1}x^{m-1}(t) + \cdots + b_0 x(t)$$

通常将 $y^{(n)}(t)$ 的系数 a_n 进行归一化,表示为

$$y^{(n)}(t) + a_{n-1}y^{(n-1)}(t) + \cdots + a_0 y(t) = b_m x^m(t) + b_{m-1}x^{m-1}(t) + \cdots + b_0 x(t) \tag{2-3}$$

或表示为

$$\sum_{i=0}^{n} a_i y^{(i)}(t) = \sum_{j=0}^{m} b_j x^{(j)}(t) \tag{2-4}$$

二、连续时间系统的算子方程

由于连续时间系统的输入输出方程为常系数微、积分方程,其形式稍显复杂,为了简化形式,可引入算子 p 将微、积分方程在形式上转换为代数方程。

（一）算子定义

$$px(t) = \frac{dx(t)}{dt}, \quad p^n x(t) = \frac{d^n x(t)}{dt^n}$$

$$\frac{1}{p}x(t) = p^{-1}x(t) = \int_{\infty}^{t} x(\tau)d\tau, \quad \frac{1}{p^n}x(t) = p^{-n}x(t)$$

其中 p 表示微分运算关系，称为微分算子，$\frac{1}{p}$ 表示积分运算关系，称为积分算子或微分逆算子。利用微分算子符号可将常系数微分方程在形式上变为代数方程形式，这种形式的方程称为微分算子方程。

对于连续时间系统的输入输出方程，其一般表达式为式(2-3)或式(2-4)。用算子方程可表示为

$$p^n y(t) + a_{n-1}p^{n-1}y(t) + \cdots + a_0 y(t) = b_m p^m x(t) + b_{m-1}p^{m-1}x(t) + \cdots + b_0 x(t)$$

$$(p^n + a_{n-1}p^{n-1} + \cdots + a_0)y(t) = (b_m p^m + b_{m-1}p^{m-1} + \cdots + b_0)x(t)$$

令

$$p^n + a_{n-1}p^{n-1} + \cdots + a_0 = A(p)$$

$$b_m p^m + b_{m-1}p^{m-1} + \cdots + b_0 = B(p)$$

其中 $A(p)$ 为 $y(t)$ 的算子系数多项式，$B(p)$ 为 $x(t)$ 的算子系数多项式，因此系统输入输出算子方程可改写为

$$A(p)y(t) = B(p)x(t)$$

定义 $H(p) = \frac{B(p)}{A(p)}$，$H(p)$ 称为系统的传递算子（或称转移算子），它代表系统将输入转变为输出的作用，或系统对输入的传递作用。

【例 2-3】 某 LTI 系统，其输入输出方程为 $y''(t) + 3y'(t) + 2y(t) = x'(t) + 2x(t)$，试写出其微分算子方程及其传递算子。

解 由微分算子定义可知，上式可表示为

$$p^2 y(t) + 3py(t) + 2y(t) = px(t) + 2x(t)$$

所以其算子方程为

$$(p^2 + 3p + 2)y(t) = (p + 2)x(t)$$

传递算子

$$H(p) = \frac{B(p)}{A(p)} = \frac{p + 2}{p^2 + 3p + 2}$$

（二）算子的运算规则

使用微分算子可以将常系数微分方程形式转换为代数方程，但是在运算时一些规则和代数方程是不同的。

(1) $A(p)$ 和 $B(p)$ 可进行因式分解和展开。

例如：

$$(p^2 - 4)y(t) = (p - 2)(p + 2)y(t)$$

$$(p + 2)(p - 3)x(t) = (p^2 - p - 6)x(t)$$

(2) 等式两边含 p 的公因式不能随意消去。

例如：已知 $py(t) = px(t)$ 成立，不能得到 $y(t) = x(t)$ 成立，因为 $y(t) = x(t) + C$（C 为常

数）时 $py(t)=px(t)$ 也成立。

(3) 设 $A(p)$、$B(p)$ 和 $D(p)$ 都是有关 p 的正幂多项式，那么

$$D(p)\frac{B(p)}{D(p)A(p)}x(t)=\frac{B(p)}{A(p)}x(t)$$

因为

$$p\cdot\frac{1}{p}x(t)=\frac{\mathrm{d}}{\mathrm{d}t}\int_{-\infty}^{t}x(\tau)\mathrm{d}\tau=x(t)$$

但是

$$\frac{B(p)}{D(p)A(p)}D(p)x(t)\neq\frac{B(p)}{A(p)}x(t)$$

因为 $\frac{1}{p}\cdot px(t)=\int_{-\infty}^{t}\frac{\mathrm{d}x(\tau)}{\mathrm{d}t}\mathrm{d}\tau=x(t)-x(-\infty)$，只有当 $x(-\infty)=0$ 时，p 才能和 $\frac{1}{p}$ 消去。

因此，$x(t)$ 或 $y(t)$ 系数多项式为“先除后乘”即“先积分后微分”的运算次序时，系数多项式分子分母中的公因式可以直接消去，但是为“先乘后除”即“先微分后积分”的运算次序时则不能随意消去。

第三节　连续时间系统的零输入响应

在进行系统分析，求解系统输出响应时，通常将系统响应分为两部分：零输入响应和零状态响应。

零输入响应指系统外部激励未接入系统（或为零）时，系统仅由内部激励（初始储能）引起的响应，记为 $y_x(t)$。

因为 n 阶连续时间系统的输入输出方程为

$$\sum_{i=0}^{n}a_iy^{(i)}(t)=\sum_{j=0}^{m}b_jx^{(j)}(t)$$

按照零输入响应的定义，即求当 $x(t)=0$ 时，满足 $\sum_{i=0}^{n}a_iy_x^{(i)}(t)=0$ 的 $y_x(t)$ 的解。

一、齐次方程解的形式

（一）特征根为相异实根

一阶齐次方程的微分算子为

$$(p-\lambda)y_x(t)=0$$

写成微分方程

$$\frac{\mathrm{d}}{\mathrm{d}t}y_x(t)-\lambda y_x(t)=0$$

两边同乘以 $\mathrm{e}^{-\lambda t}$ 得

$$\frac{\mathrm{d}}{\mathrm{d}t}[\mathrm{e}^{-\lambda t}y_x(t)]=0$$

两边求 $\int_{0_-}^{t}(\cdot)\mathrm{d}\tau$ 得

$$\mathrm{e}^{-\lambda t}y_x(t)-y_x(0_-)=0$$

即

$$e^{-\lambda t}y_x(t) = y_x(0_-)$$

其中 $y_x(0_-)$ 为常数，设 $y_x(0_-) = C_0$，所以

$$y_x(t) = C_0 e^{\lambda t}, t > 0 \tag{2-5}$$

(二)特征根为 r 重根

以齐次方程有二重根时为例，当算子方程为 $(p-\lambda)^2 y_x(t) = 0$ 时，即

$$(p-\lambda)[(p-\lambda)y_x(t)] = 0$$

由单实根时的结论可得

$$(p-\lambda)y_x(t) = C_0 e^{\lambda t}$$

同理，重复一阶齐次方程解的求解方法可得

$$y_x(t) = (C_0 + C_1 t)e^{\lambda t}, t > 0$$

上式可以推广到齐次方程有 r 重根时，即

$$(p-\lambda)^r y_x(t) = 0$$

$$y_x(t) = (C_{r-1}t^{r-1} + C_{r-2}t^{r-2} + \cdots + C_1 t + C_0)e^{\lambda t}, t > 0 \tag{2-6}$$

表 2-1 中列举了常见的不同形式特征根对应的零输入响应模式，在求解时可直接查找。由此，求解系统零输入响应的步骤可以归纳如下：

第一步，求出齐次方程的特征根 $\lambda_i(i=1,2,3,\cdots)$；

第二步，根据特征根的形式分别求出不同特征根所对应的零输入响应 $y_{xi}(t)$ 的具体形式；

第三步，将所有的 $y_{xi}(t)$ 相加，得到系统的零输入响应 $y_x(t)$；

第四步，代入初始条件 $y_x(0)$ 及其各阶导数，确定 $y_x(t)$ 中的待定系数。

表 2-1　不同形式特征根对应的零输入响应模式

特征根 λ	零输入响应 $y_x(t)$
r 个相异实根 $\lambda_i(i=0,1,2,\cdots,r-1)$	$C_0 e^{\lambda_0 t} + C_1 e^{\lambda_1 t} + \cdots + C_{r-1}e^{\lambda_{r-1} t}$
r 个重实根 $\lambda_{0,1,2,\cdots,r-1} = \lambda$	$(C_{r-1}t^{r-1} + C_{r-2}t^{r-2} + \cdots + C_1 t + C_0)e^{\lambda t}$
一对共轭复根 $\lambda_{1,2} = \alpha \pm j\beta$	$e^{\alpha t}[C_1\cos(\beta t) + C_2\sin(\beta t)]$

【例 2-4】　已知系统方程为

$$(p^3 + 7p^2 + 15p + 9)y(t) = (2p^2 + 8p + 3)x(t)$$

初始状态为 $y_x(0) = 2, y_x'(0) = 1, y_x''(0) = 0$，求系统的零输入响应 $y_x(t)$。

解　令 $x(t) = 0$，得齐次方程

$$(p^3 + 7p^2 + 15p + 9)y_x(t) = 0$$

将 $A(p)$ 作因式分解得

$$p^3 + 7p^2 + 15p + 9 = (p+1)(p+3)^2$$

可知系统特征方程 $\lambda_1 = -1$ 是单根，$\lambda_2 = -3$ 是二重根，由此，可以得出 $y_x(t)$ 的形式为

$$y_x(t) = C_0 e^{\lambda_1 t} + (C_1 + C_2 t)e^{\lambda_2 t}, t > 0$$

将初始状态代入上式得

$$\begin{cases} y_x(0) = C_0 + C_1 = 2 \\ y_x'(0) = -C_0 - 3C_1 + C_2 = 1 \\ y_x''(0) = C_0 + 9C_1 - 6C_3 = 0 \end{cases}$$

求解得

$$C_0 = 6, C_1 = -4, C_2 = -5$$

所以,系统的零输入响应为

$$y_x(t) = 6\mathrm{e}^{-t} + (-4 - 5t)\mathrm{e}^{-3t}, t > 0$$

二、由 $H(p)$ 求系统的零输入响应

由前文内容可以看出,只要知道系统的特征根形式及初始状态,就可以求解系统的零输入响应。而传递算子 $H(p) = \dfrac{B(p)}{A(p)}$,其中 $H(p)$ 的极点与系统齐次方程的特征方程有相同的形式,换言之,传递算子 $H(p)$ 的极点可等同地认为是系统齐次方程的特征根,根据系统 $H(p)$ 极点的形式就可利用前文中表 2-1 和初始条件求解系统零输入响应。

【例 2-5】 已知系统微分方程为 $y''(t) + 5y'(t) + 6y(t) = x'(t)$,初始状态 $y_x(0) = 1$,$y_x'(0) = 2$,求零输入响应。

解 由系统方程可得算子方程为

$$(p^2 + 5p + 6)y(t) = px(t)$$

所以传递算子 $H(p) = \dfrac{p}{p^2 + 5p + 6}$,其极点 $\lambda_1 = -2, \lambda_2 = -3$,为相异实极点,因而可得其零状态响应为

$$y_x(t) = C_1\mathrm{e}^{-2t} + C_2\mathrm{e}^{-3t}, t > 0 \qquad (2\text{-}7)$$

将初始状态 $y_x(0) = 1, y_x'(0) = 2$ 代入式(2-7),得

$$\begin{cases} C_1 + C_2 = 1 \\ -2C_1 - 3C_2 = 2 \end{cases}$$

求解得

$$C_1 = 5, C_2 = -4$$

将 C_1、C_2 代入式(2-7),得

$$y_x(t) = 5\mathrm{e}^{-2t} - 4\mathrm{e}^{-3t}, t > 0$$

三、利用 MATLAB 求解连续时间系统零输入响应

MATLAB 解常微分方程的函数是:dsolve('equation','condition')。其中 equation 代表常微分方程,且以 Dy 代表一阶微分项 y',以 D2y 代表二阶微分项 y'';condition 为初始条件。

【例 2-6】 已知系统微分方程为 $y''(t) + 5y'(t) + 6y(t) = x'(t)$,初始状态 $y_x(0) = 1$,$y_x'(0) = 2$,求零输入响应。

解 程序如下:

```
y_x = dsolve('D2y + 5 * Dy + 6 * y = 0','y(0) = 1','Dy(0) = 2','t');
disp(['y_x =',char(y_0)]);
y_x = 5/exp(2 * t)-4/exp(3 * t);
```

即

$$y_x(t) = 5e^{-2t} - 4e^{-3t}$$

第四节　连续时间系统的零状态响应

系统的零状态响应指当系统的初始状态为零时，系统由外部信号激励产生的响应，记为$y_f(t)$。

一、基本信号 $\delta(t)$ 下的零状态响应

当系统输入激励为单位冲激信号 $\delta(t)$ 时，系统的零状态响应称为系统的单位冲激响应，记为 $h(t)$。

首先从简单的一阶系统入手分析。

一阶系统的微分方程一般表达式为

$$\frac{d}{dt}y(t) - \lambda y(t) = Kx(t)$$

其中，λ、k 都是常数，由系统的特性和参数决定，将上式两边同乘 $e^{-\lambda t}$得

$$e^{-\lambda t}\frac{d}{dt}y(t) - \lambda e^{-\lambda t}y(t) = Ke^{-\lambda t}x(t)$$

即

$$\frac{d}{dt}[e^{-\lambda t}y(t)] = Ke^{-\lambda t}x(t) \tag{2-8}$$

设输入 $x(t)$是在 $t=0$ 时接入系统，且系统的初始状态为 $y(0_-)$，由于 $h(t)$是输入激励为单位冲激信号 $\delta(t)$时的零状态响应，所以 $y(0_-)=0$。

对式(2-8)两边求 $\int_{0_-}^{t}(\cdot)d\tau$ 得

$$e^{-\lambda t}y(\tau)\big|_0^t = K\big|_{0_-}^t e^{-\lambda\tau}x(\tau)d\tau$$

从 0_-开始积分是为了把 $x(t)$在 $t=0$ 时可能存在的冲激 $\delta(t)$包含进去。

$$e^{-\lambda t}[y(t) - y(0_-)] = K\int_0^t e^{-\lambda\tau}x(\tau)d\tau$$

两边同乘 $e^{\lambda t}$得

$$y(t) - y(0_-) = Ke^{\lambda t}\int_{0_-}^t e^{-\lambda\tau}x(\tau)d\tau$$

因为 $y(0_-)=0$，所以

$$y(t) = K\int_{0_-}^t e^{\lambda(t-\tau)}x(\tau)d\tau$$

因此，系统的零状态响应为

$$y_f(t) = K\int_{0_-}^t e^{\lambda(t-\tau)}x(\tau)d\tau$$

当输入激励为 $\delta(t)$时，上式变成系统的单位冲激响应，即

$$h(t) = K\int_{0_-}^t e^{\lambda(t-\tau)}\delta(\tau)d\tau = Ke^{\lambda t}\int_{0_-}^t e^{-\lambda\tau}\delta(\tau)d\tau = Ke^{\lambda t}u(t) \tag{2-9}$$

从式(2-9)可以看出,一阶系统的单位冲激响应的模式是一个指数项 $e^{\lambda t}$,一阶系统的零输入响应得到的结果为

$$y_x(t) = C_0 e^{\lambda t},\ t > 0$$

可以发现,上式与前面讨论的式(2-5)的模式是一样的,这并非偶然。零输入响应是输入为零时,系统的状态引起的响应。而单位冲激响应是状态为零时,输入为单位冲激 $\delta(t)$ 所引起的响应。从 $\delta(t)$ 的定义和性质可以看出,冲激发生在 $t=0$ 处,在 $t>0$ 后为零,因而其作用与初始状态的作用很相似,甚至可以将输入的 $\delta(t)$ 当做状态来处理,或者反过来,把系统的状态当做具有冲激性质的输入来处理,所以两者的模式是一致的。

二、由系统的微分方程求解单位冲激响应

由前面内容已知,连续时间系统的输入输出方程的一般表达式为

$$y^{(n)}(t) + a_{n-1}y^{(n-1)}(t) + \cdots + a_0 y(t) = b_m x^m(t) + b_{m-1}x^{m-1}(t) + \cdots + b_0 x(t)$$

其中,$x(t)$ 为输入激励;$y(t)$ 为输出响应;系数 a_i、b_j($i=0,1,2,\cdots,n;j=0,1,2,\cdots,m$)均为取决于系统特性的常系数。

(一)直接求解

由单位冲激响应定义,令 $x(t)=\delta(t)$,所以式(2-3)可写成

$$h^{(n)}(t) + a_{n-1}h^{(n-1)}(t) + \cdots + a_0 h(t) = b_m \delta^m(t) + b_{m-1}\delta^{m-1}(t) + \cdots + b_0 \delta(t) \tag{2-10}$$

可以看到,式(2-10)等号右边不但包含冲激函数项,而且还包含其各阶导数项,因此单位冲激响应 $h(t)$ 有以下两个特点:第一,由于 $t>0$ 时 $\delta(t)$ 及其各阶导数均为零,所以式(2-10)等号右边恒等于零,$h(t)$ 与微分方程的齐次解(或零输入响应)有相同的形式;第二,$h(t)$ 的形式与 n、m 值的相对大小密切相关,为使式(2-10)成立,$h(t)$ 所包含的各奇异函数项必须与等式右边的各奇异函数项平衡。

综上所述,如果方程的特征根 λ_i 均为单根,且 $n>m$,有

$$h(t) = \left(\sum_{i=1}^{n} C_i e^{\lambda_i t}\right)u(t) \tag{2-11}$$

而 $n=m$ 时,有

$$h(t) = K\delta(t) + \left(\sum_{i=1}^{n} C_i e^{\lambda_i t}\right)u(t) \tag{2-12}$$

当 $n<m$ 时,$h(t)$ 中还包含冲激函数的导数。

式(2-11)与式(2-12)中,K 和 C_i 为待定系数,可以根据式(2-10)等号两边响应项系数相等的方法来求解。

【例 2-7】 已知某 LTI 系统的输入输出方程为 $y''(t)+5y'(t)+6y(t)=3x'(t)+2x(t)$,试求其冲激响应 $h(t)$。

解 先求出方程特征根,得

$$\lambda_1 = -2, \lambda_2 = -3$$

因为 $n>m$,由式(2-11)得

$$h(t) = (C_1 e^{\lambda_1 t} + C_2 e^{\lambda_2 t})u(t) \tag{2-13}$$

对式(2-13)求导,得

$$\frac{d}{dt}h(t)=(C_1+C_2)\delta(t)+(-2C_1e^{-2t}-3C_2e^{-3t})u(t)$$

$$\frac{d^2}{dt^2}h(t)=(C_1+C_2)\delta'(t)+(-2C_1-3C_2)\delta(t)+(4C_1e^{-2t}+9C_2e^{-3t})u(t)$$

将$\frac{d}{dt}h(t)$、$\frac{d^2}{dt^2}h(t)$及$x(t)=\delta(t)$代入系统输入输出方程，得

$$(C_1+C_2)\delta'(t)+(3C_1+2C_2)\delta(t)=3\delta'(t)+2\delta(t)$$

比较两边系数可得

$$\begin{cases}C_1+C_2=3\\3C_1+2C_2=2\end{cases}$$

求解得

$$\begin{cases}C_1=-4\\C_2=7\end{cases}$$

代入式(2-13)，得

$$h(t)=(-4e^{-2t}+7e^{-3t})u(t)$$

上例讨论了只有互异单实根时的情况，而当方程的特征根λ为r阶重根时

$$h(t)=(C_{r-1}t^{r-1}+C_{r-2}t^{r-2}+\cdots+C_1t+C_0)e^{\lambda t}u(t)$$

当方程的特征根λ为共轭复根时，设$\lambda_{1,2}=\alpha\pm j\beta$，则

$$h(t)=e^{\alpha t}[C_1\cos(\beta t)+C_2\sin(\beta t)]u(t)$$

(二)间接求解

设n阶系统微分方程为式(2-3)，现将该式右边变为$\lambda(t)$，即

$$a_ny^{(n)}(t)+a_{n-1}y^{(n-1)}(t)+\cdots+a_1y'(t)+a_0y(t)=\lambda(t) \tag{2-14}$$

设$\lambda(t)=\delta(t)$，式(2-14)微分方程的冲激响应记为$h_0(t)$，即

$$a_nh_0^{(n)}(t)+a_{n-1}h_0^{(n-1)}(t)+\cdots+a_1h_0'(t)+a_0h_0(t)=\delta(t) \tag{2-15}$$

为了使式(2-15)等号两边对应的奇异函数项系数平衡，则式(2-14)左边应该含有冲激函数项，且此冲激函数项只能出现在第一项$a_nh_0^{(n)}(t)$中，这是因为如果在其后面的某项中有冲激函数项，则式(2-15)左边第一项中将有$\delta(t)$的导数项，等式两边冲激函数项将无法平衡。这样，式(2-15)左边第一项为冲激函数项，则第二项应为阶跃函数项，其后各项则为相应的t的正幂函数项。

对式(2-15)两边取0_-到0_+的定积分，则有

$$a_n\int_{0_-}^{0_+}h_0^{(n)}(t)dt+a_{(n-1)}\int_{0_-}^{0_+}h_0^{(n-1)}(t)dt+\cdots+a_0\int_{0_-}^{0_+}h_0(t)dt=\int_{0_-}^{0_+}\delta(t)dt \tag{2-16}$$

即

$$a_n[h_0^{(n-1)}(0_+)-h_0^{(n-1)}(0_-)]+a_{n-1}[h_0^{(n-2)}(0_+)-h_0^{(n-2)}(0_-)]+\cdots=1 \tag{2-17}$$

因为实际系统总是因果系统，即冲激激励作用前没有响应，因此在$t=0_-$时刻$h_0(t)$及其各阶导数值应为零，即有

$$h_0(0_-)=h_0'(0_-)=h_0''(0_-)=\cdots=h_0^{(n-1)}(0_-)=0 \tag{2-18}$$

此外，因为式(2-16)左边积分第一项的被积函数应为冲激函数项，所以其积分结果应为阶跃函数项，在$t=0$处不连续，而后的其他各项积分所得结果是连续的，所以

$$h_0(0_+) = h_0'(0_+) = h_0''(0_+) = \cdots = h_0^{(n-2)}(0_+) = 0 \tag{2-19}$$

在式(2-17)中，非零项仅有一项，即

$$a_n h_0^{(n-1)}(0_+) = 1$$

$$h_0^{(n-1)}(0_+) = \frac{1}{a_n} \tag{2-20}$$

由此可知，对于式(2-14)所示的微分方程，式(2-19)和式(2-20)为求解 $h_0(t)$ 的 n 个初始条件。对式(2-14)求解响应的齐次方程，可得到在 $t>0$ 时的冲激响应 $h_0(t)$。

而对于原微分方程所描述的系统，根据系统的零状态线性和微积分性，有以下结论成立：

$$\delta(t) \rightarrow h_0(t)$$

$$\delta^{(n)}(t) \rightarrow h_0^{(n)}(t)$$

$$\sum_{j=0}^{m} b_j \delta^{(j)}(t) \rightarrow \sum_{j=0}^{m} b_j h_0^{(j)}(t)$$

其中→表示"左边输入激励对应的零状态响应"。

所以，对于 n 阶连续时间系统，当 $f(t)=\delta(t)$ 时的冲激响应为

$$h(t) = b_m h_0^{(m)}(t) + b_{m-1} h_0^{(m-1)}(t) + \cdots + b_0 h_0(t) \tag{2-21}$$

间接求解法相对于直接求解法的优点在于求 $h_0(t)$ 时，只可能 $n>m$，不需考虑其他情况，且 n 个初始条件是固定的，给计算带来了方便。

【例 2-8】 用间接求解法求例 2-7 微分方程的单位冲激响应。

解 先求方程 $y''(t)+5y'(t)+6y(t)=x(t)$ 对应的单位冲激响应 $h_0(t)$，得

$$h_0(t) = (C_1 e^{-2t} + C_2 e^{-3t})u(t) \tag{2-22}$$

由式(2-19)和式(2-20)，有

$$h_0(0_+) = 0$$

$$h_0'(0_+) = \frac{1}{a_n} = 1$$

代入式(2-22)，得

$$C_1 + C_2 = 0,\ -2C_1 - 3C_2 = 1$$

求得

$$C_1 = 1, C_2 = -1$$

所以

$$h_0(t) = (e^{-2t} - e^{-3t})u(t)$$

由式(2-21)可得

$$h(t) = 3h_0'(t) + 2h_0(t) = 3\times(-2e^{-2t} + 3e^{-3t})u(t) + 2\times(-2e^{-2t} + 3e^{-3t})u(t)$$

即

$$h(t) = (-4e^{-2t} + 7e^{-3t})u(t)$$

所以结果与例 2-7 结果一致。

(三)算子法求解

设 LTI 连续系统传递算子为 $H(p)$，通过分析若干简单系统的 $H(p)$ 与系统单位冲激响应 $h(t)$ 之间的关系，可以简单快捷地求解 $h(t)$。

1. $H(p)=\dfrac{K}{p-\lambda}$

$H(p)=\dfrac{K}{p-\lambda}$所对应的系统方程为

$$y'(t)-\lambda y(t)=Kx(t)$$

设 $x(t)=\delta(t)$,且初始状态为零,此时系统的零状态响应 $y_f(t)=h(t)$,即

$$h'(t)-\lambda h(t)=K\delta(t) \tag{2-23}$$

求解式(2-23),可得

$$h(t)=K\mathrm{e}^{\lambda t}u(t)$$

所以有

$$H(p)=\frac{K}{p-\lambda}\rightarrow h(t)=K\mathrm{e}^{\lambda t}u(t) \tag{2-24}$$

其中→表示"对应的系统单位冲激响应为"。

2. $H(p)=\dfrac{K}{(p-\lambda)^2}$

$H(p)=\dfrac{K}{(p-\lambda)^2}$所对应的系统单位冲激响应满足方程

$$(p-\lambda)[(p-\lambda)h(t)]=Ku(t)$$

由式(2-24)可得

$$(p-\lambda)h(t)=K\mathrm{e}^{\lambda t}u(t) \tag{2-25}$$

求解式(2-25)可得

$$h(t)=Kt\mathrm{e}^{\lambda t}u(t)$$

所以有

$$H(p)=\frac{K}{(p-\lambda)^2}\rightarrow h(t)=Kt\mathrm{e}^{\lambda t}u(t)$$

同理,可将以上结论推广到 $H(p)=\dfrac{K}{(p-\lambda)^r}$,可得

$$H(p)=\frac{K}{(p-\lambda)^r}\rightarrow h(t)=\frac{K}{(r-1)!}t^{r-1}\mathrm{e}^{\lambda t}u(t)$$

3. $H(p)=Kp^n$

$H(p)=Kp^n$ 所对应的系统单位冲激响应满足方程

$$h(t)=K\delta^n(t)$$

所以有

$$H(p)=Kp^n\rightarrow h(t)=K\delta^n(t)$$

根据以上结论,就可通过系统传递算子 $H(p)$求解单位冲激响应 $h(t)$,具体步骤为:

第一步,根据系统方程求出 $H(p)$;

第二步,采用部分分式展开法将 $H(p)$分解为若干简单系统的传递算子 $H_i(p)$;

第三步,分别求出 $H_i(p)$所对应的单位冲激响应 $h_i(t)$;

第四步,将 $h_i(t)$叠加求得单位冲激响应 $h(t)$,即 $h(t)=\sum\limits_{i=1}^{n}h_i(t)$。

【例 2-9】 利用算子法求解例 2-7 的单位冲激响应。

解 由系统方程可得系统传递算子为

$$H(p)=\frac{3p+2}{p^2+5p+6}$$

将 $H(p)$ 中分母多项式分解因式，并将 $H(p)$ 展开部分分式，得

$$H(p)=\frac{3p+2}{(p+2)(p+3)}=\frac{K_1}{p+2}+\frac{K_2}{p+3}$$

其中

$$K_1=(p+2)\frac{3p+2}{(p+2)(p+3)}\bigg|_{p=-2}=-4$$

$$K_2=(p+3)\frac{3p+2}{(p+2)(p+3)}\bigg|_{p=-3}=7$$

所以 $H(p)=H_1(p)+H_2(p)=\frac{-4}{p+2}+\frac{7}{p+3}$，即

$$H_1(p)=\frac{-4}{p+2},H_2(p)=\frac{7}{p+3}$$

可求得

$$h_1(t)=-4\mathrm{e}^{-2t}u(t),h_2(t)=7\mathrm{e}^{-3t}u(t)$$

所以

$$h(t)=h_1(t)+h_2(t)=(-4\mathrm{e}^{-2t}+7\mathrm{e}^{-3t})u(t)$$

【例 2-10】 已知系统传递算子为 $H(p)=\frac{p^3+4p^2+3p+1}{p^2+2p+1}$，试求系统单位冲激响应 $h(t)$。

解 因为该系统传递算子 $H(p)$ 为假分式，所以不能直接展开部分分式，应先将其通过长除法化为真分式后再进行，即

$$H(p)=\frac{p^3+4p^2+3p+1}{p^2+2p+1}=p+2-\frac{2p+1}{p^2+2p+1}=p+2-[\frac{K_1}{(p+1)^2}+\frac{K_2}{p+1}]$$

其中

$$K_1=(p+1)^2\frac{2p+1}{(p+1)^2}\bigg|_{p=-1}=-1$$

$$K_2=\frac{\mathrm{d}}{\mathrm{d}p}[(p+1)^2\frac{2p+1}{(p+1)^2}]\bigg|_{p=-1}=2$$

求得

$$h(t)=\delta'(t)+2\delta(t)+(t-2)\mathrm{e}^{-t}u(t)$$

（四）MATLAB 求解

利用 impulse(sys) 可计算且绘制出连续时间系统的单位冲激响应，sys 可以由函数 tf(b,a) 获得，其中 b 和 a 分别为系统函数 $H(s)$ 的分子多项式和分母多项式的系数矩阵。

【例 2-11】 已知某 LTI 系统的输入输出方程为 $y''(t)+5y'(t)+6y(t)=3x'(t)+2x(t)$，试求其冲激响应 $h(t)$。

解 求解程序如下：

```
a=[1,5,6];b=[3,2];
```

```
sys = tf(b,a);
t = 0:0.1:10;
h = impulse(sys,t);
plot(h);
xlabel('t');title('h(t)');
```

运行结果如图 2-3 所示。

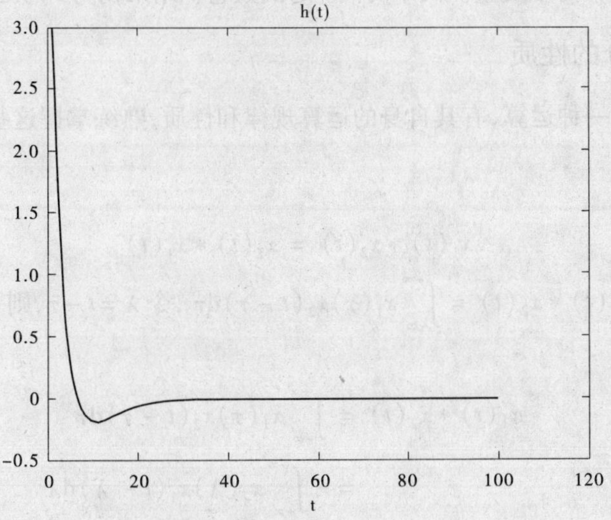

图 2-3 例 2-11 单位冲激响应

三、一般信号 $x(t)$ 激励下的零状态响应

接下来,根据 LTI 系统的各种性质来讨论在不同输入激励 $x(t)$ 作用下系统的零状态响应。表 2-2 中 $\int_{-\infty}^{+\infty} x(\tau)\delta(t-\tau)\,\mathrm{d}\tau = x(t)$,因此式 $\int_{-\infty}^{+\infty} x(\tau)h(t-\tau)\,\mathrm{d}\tau$ 表明当系统输入信号 $x(t)$ 时,系统的零状态响应可以由 $x(t)$ 和系统的单位冲激响应 $h(t)$ 的一种特殊积分运算结果表示,这种积分运算称为卷积积分,简称卷积。

表 2-2 不同激励下 LTI 系统的零状态响应

输入激励 $x(t)$	零状态响应 $y_f(t)$	
$\delta(t)$	$h(t)$	单位冲激响应定义
$\delta(t-\tau)$	$h(t-\tau)$	时不变性
$x(\tau)\delta(t-\tau)$	$x(\tau)h(t-\tau)$	齐次性
$\int_{-\infty}^{+\infty} x(\tau)\delta(t-\tau)\,\mathrm{d}\tau$	$\int_{-\infty}^{+\infty} x(\tau)h(t-\tau)\,\mathrm{d}\tau$	积分性

第五节 卷积积分

在上节内容中,计算系统的零状态响应时用到了卷积积分的计算,本节将对卷积的定义、性质和计算方法等进行讨论。

一、卷积积分的定义

两函数 $x_1(t)$ 和 $x_2(t)$ 的卷积积分定义为

$$x_1(t) * x_2(t) = \int_{-\infty}^{+\infty} x_1(\tau) x_2(t-\tau) \mathrm{d}\tau$$

其中 τ 为积分变量，t 为参变量。两个时间 t 的函数卷积结果仍为 t 的函数。

二、卷积积分的性质

卷积积分作为一种运算，有其自身的运算规律和性质，熟练掌握这些性质将使运算得到简化。

（一）交换律

$$x_1(t) * x_2(t) = x_2(t) * x_1(t)$$

证明　因为 $x_1(t) * x_2(t) = \int_{-\infty}^{+\infty} x_1(\tau) x_2(t-\tau) \mathrm{d}\tau$，令 $\lambda = t-\tau$，则 $\tau = t-\lambda$，$\mathrm{d}\tau = -\mathrm{d}\lambda$，所以

$$\begin{aligned} x_1(t) * x_2(t) &= \int_{-\infty}^{+\infty} x_1(\tau) x_2(t-\tau) \mathrm{d}\tau \\ &= -\int_{+\infty}^{-\infty} x_2(\lambda) x_1(t-\lambda) \mathrm{d}\lambda \\ &= \int_{-\infty}^{+\infty} x_2(\lambda) x_1(t-\lambda) \mathrm{d}\lambda \\ &= x_2(t) * x_1(t) \end{aligned}$$

（二）分配律

$$x_1(t) * [x_2(t) + x_3(t)] = x_1(t) * x_2(t) + x_1(t) * x_3(t)$$

（三）结合律

$$x_1(t) * [x_2(t) * x_3(t)] = [x_1(t) * x_2(t)] * x_3(t)$$

（四）$x(t)$ 与单位冲激函数 $\delta(t)$ 的卷积

$x(t)$ 与 $\delta(t)$ 的卷积等于 $x(t)$ 本身。

证明

$$\begin{aligned} x(t) * \delta(t) &= \int_{-\infty}^{+\infty} x(\tau) \delta(t-\tau) \mathrm{d}\tau \\ &= x(t) \int_{-\infty}^{+\infty} \delta(t-\tau) \mathrm{d}\tau \\ &= x(t) \end{aligned}$$

作为一个特例，当 $x(t) = \delta(t)$ 时，有 $\delta(t) * \delta(t) = \delta(t)$。

同理可得 $x(t) * \delta(t-t_0) = x(t-t_0)$，即 $x(t)$ 与 $t = t_0$ 处的冲激相卷积，等于把 $x(t)$ 平移 t_0。

（五）$x(t)$ 与单位冲激偶 $\delta'(t)$ 的卷积

$x(t)$ 与 $\delta'(t)$ 的卷积等于将 $x(t)$ 求导。

证明　由 $\int_{-\infty}^{+\infty} x(t) \delta'(t) \mathrm{d}t = -x'(0)$，得

$$
\begin{aligned}
x(t) * \delta'(t) &= \delta'(t) * x(t) \\
&= \int_{-\infty}^{+\infty} \delta'(\tau) x(t-\tau) \mathrm{d}\tau \\
&= -\frac{\mathrm{d}}{\mathrm{d}\tau} x(t-\tau) \mid_{\tau=0} \\
&= x'(t)
\end{aligned}
$$

（六）$x(t)$ 与单位阶跃函数 $u(t)$ 的卷积

$x(t)$ 与 $u(t)$ 的卷积等于 $x(t)$ 的积分。

证明

$$
\begin{aligned}
x(t) * u(t) &= \int_{-\infty}^{+\infty} x(\tau) u(t-\tau) \mathrm{d}\tau \\
&= \int_{-\infty}^{t} x(\tau) \mathrm{d}\tau \\
&= x^{(-1)}(t)
\end{aligned}
$$

（七）卷积的微分、积分与微积分

（1）微分性：

$$
\begin{aligned}
\frac{\mathrm{d}}{\mathrm{d}t}[x_1(t) * x_2(t)] &= [x_1(t) * x_2(t)] * \delta'(t) \\
&= [x_1(t) * \delta'(t)] * x_2(t) \\
&= x_1'(t) * x_2(t) \\
&= x_1(t) * [x_2(t) * \delta'(t)] \\
&= x_1(t) * x_2'(t)
\end{aligned}
$$

（2）积分性：

$$
\begin{aligned}
\int_{-\infty}^{t} [x_1(\tau) * x_2(\tau)] \mathrm{d}\tau &= [x_1(t) * x_2(t)] * u(t) \\
&= [x_1(t) * u(t)] * x_2(t) \\
&= x_1^{(-1)}(t) * x_2(t) \\
&= x_1(t) * [x_2(t) * u(t)] \\
&= x_1(t) * x_2^{(-1)}(t)
\end{aligned}
$$

（3）微积分性：

$$
y(t) = x_1(t) * x_2(t) = x_1^{(1)}(t) * x_2^{(-1)}(t) = x_1^{(-1)}(t) * x_2^{(1)}(t)
$$

需要注意的是，使用卷积的微积分性是有条件的，要求被求导的函数[$x_1(t)$ 或 $x_2(t)$]在 $t=-\infty$ 处为零，或者被积分的函数[$x_1(t)$ 或 $x_2(t)$]在 $(-\infty, \infty)$ 区间上的积分值为零。

（八）卷积的时移

如果有 $x_1(t) * x_2(t) = y(t)$，则

$$
x_1(t) * x_2(t-t_0) = x_1(t-t_0) * x_2(t) = y(t-t_0)
$$

且有

$$
x_1(t-t_1) * x_2(t-t_2) = y(t-t_1-t_2)
$$

【例 2-12】 计算 $u(t+1) * u(t-2)$。

解 先计算 $u(t) * u(t)$。因为 $u(-\infty)=0$，所以可以用卷积的微积分性求得

$$u(t)*u(t)=\int_{-\infty}^{t}u(\tau)\mathrm{d}\tau*\frac{\mathrm{d}u(t)}{\mathrm{d}t}=tu(t)*\delta(t)=tu(t)$$

然后,利用卷积的时移性质,求得

$$u(t+1)*u(t-2)=[u(t)*u(t)]_{t\to t-1}=[tu(t)]_{t\to t-1}=(t-1)u(t-1)$$

三、卷积积分的求解

(一)直接求解法

卷积积分作为一种积分运算,可以直接按求积分的方法求解其结果。

【例2-13】 求卷积 $e^{-2t}u(t)*e^{-3t}u(t)$

解 $$\begin{aligned}e^{-2t}u(t)*e^{-3t}u(t)&=\int_0^t e^{-2\tau}\times e^{-3(t-\tau)}\mathrm{d}\tau\\&=\int_0^t e^{\tau-3t}\mathrm{d}\tau\\&=\int_0^t e^{\tau-3t}\mathrm{d}\tau\\&=e^{-3t}\int_0^t e^{\tau}\mathrm{d}\tau\\&=e^{-3t}(e^t-1)\\&=(e^{-2t}-e^{-3t})u(t)\end{aligned}$$

(二)图解法

卷积积分可以根据定义式直接计算,也可利用图解法,其有关图形能直观地表明卷积的含义和确定积分区间,有助于对卷积的理解。图解法的步骤如下:

(1)将 $x_1(t)$,$x_2(t)$ 的自变量 t 用 τ 代换,并画出 $x_1(\tau)$ 与 $x_2(\tau)$ 的图形。(变量代换)

(2)将 $x_2(\tau)$ 的波形反褶得 $x_2(-\tau)$。(反褶)

(3)将 $x_2(-\tau)$ 沿 τ 轴平移 t 个单位,得 $x_2(t-\tau)$ 的波形,若 $t>0$,则 $x_2(-\tau)$ 向右移动,若 $t<0$,则 $x_2(-\tau)$ 向左移动。(平移)

(4)将 $x_1(\tau)$ 与反褶平移后的函数 $x_2(t-\tau)$ 相乘。(相乘)

(5)将乘积 $x_1(\tau)x_2(t-\tau)$ 对 τ 积分即得 t 时刻的卷积值。(积分)

下面举例说明。

【例2-14】 已知 $x_1(t)$ 和 $x_2(t)$ 的波形如图2-4(a)、(b)所示,求 $x_1(t)*x_2(t)$。

解 令

$$y(t)=x_1(t)*x_2(t)=\int_{-\infty}^{+\infty}x_1(\tau)x_2(t-\tau)\mathrm{d}\tau$$

当 $t<3$ 时

$$y(t)=0$$

当 $3\leqslant t<4$ 时,由图2-4(c)可得

$$y(t)=\int_1^{t-2}2(\tau-1)\mathrm{d}\tau=t^2-6t+9$$

当 $4\leqslant t<5$ 时,由图2-4(d)可得

$$y(t)=\int_1^2 2(\tau-1)\mathrm{d}\tau=1$$

当 $5\leqslant t<6$ 时,由图2-4(e)可得

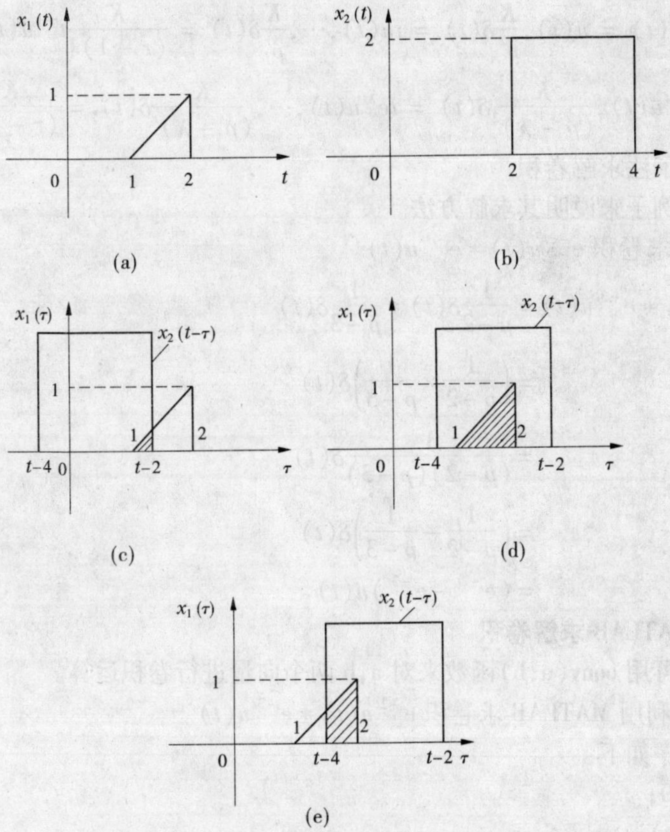

图 2-4　例 2-14 卷积图解

$$y(t) = \int_{t-4}^{2} 2(\tau - 1)\mathrm{d}\tau = -t^2 + 10t - 24$$

当 $t > 6$ 时

$$y(t) = 0$$

讨论：

(1)若参变量 t 的卷积起点与积分变量 τ 的坐标原点仍取得一致，则 $x_2(t-\tau)$ 的波形前沿恒为 $t-\tau$，这是定积分限的关键。

(2)若假设 $x_1(t)$ 和 $x_2(t)$ 分别为某线性时不变系统的激励和冲激响应，则由 $x_2(t)$ 的波形可知，在 $t=0$ 时刻加入一个冲激信号 $\delta(t)$，系统的响应是从 $t=2$ 开始，所以若在 $t=1$ 时刻加入激励 $x_1(t)$，则根据线性时不变性，其响应必定从 $t=3$ 开始。所以，根据卷积的物理意义可以检查所取的卷积起点是否正确。

(3)利用图解法可以清楚地确定卷积积分的上、下限，可以直观地表现卷积积分运算的过程，帮助理解卷积积分运算的原理。

(三)算子法

由于 $x_1(t) * x_2(t) = [x_1(t) * \delta(t)] * [x_2(t) * \delta(t)] = [x_1(t) * x_2(t)] * \delta(t)$，因此可将卷积运算转换为计算系统单位冲激响应，而 $h(t) = H(p)\delta(t)$，以及 $h(t)$ 可以由算子法求得，这就是用算子法求卷积的基本思路。

需要注意的是，利用算子法求卷积必须满足参与卷积运算的函数为因果信号。

利用算子定义和前述内容的结论：

$$\frac{K}{p}\delta(t)=u(t),\frac{K}{p^2}\delta(t)=tu(t),\cdots,\frac{K}{p^r}\delta(t)=\frac{K}{(r-1)!}t^{r-1}u(t)$$

$$\frac{K}{p-\lambda}\delta(t)=\mathrm{e}^{\lambda t}u(t),\frac{K}{(p-\lambda)^2}\delta(t)=t\mathrm{e}^{\lambda t}u(t),\cdots,\frac{K}{(p-\lambda)^r}\delta(t)=\frac{K}{(r-1)!}t^{r-1}\mathrm{e}^{\lambda t}u(t)$$

便可灵活利用算子法求解卷积。

下面以一个例子来说明其求解方法。

【例 2-15】 求卷积 $\mathrm{e}^{-2t}u(t)*\mathrm{e}^{-3t}u(t)$。

解
$$\begin{aligned}\mathrm{e}^{-2t}u(t)*\mathrm{e}^{-3t}u(t)&=\frac{1}{p-2}\delta(t)*\frac{1}{p-3}\delta(t)\\&=\left(\frac{1}{p-2}\times\frac{1}{p-3}\right)\delta(t)\\&=\frac{1}{(p-2)(p-3)}\delta(t)\\&=\left(\frac{1}{p-2}-\frac{1}{p-3}\right)\delta(t)\\&=(\mathrm{e}^{-2t}-\mathrm{e}^{-3t})u(t)\end{aligned}$$

(四)利用 MATLAB 求解卷积

MATLAB 中可用 conv(a,b)函数来对 a,b 两个向量进行卷积运算。

【例 2-16】 利用 MATLAB 求卷积 $\mathrm{e}^{-2t}u(t)*\mathrm{e}^{-3t}u(t)$。

解 相关程序如下：

```
t=0:0.01:10;
a=exp(-2*t);
b=exp(-3*t);
y=conv(a,b);
plot(y);
xlabel('t');title('a*b');
```

运算结果如图 2-5 所示。

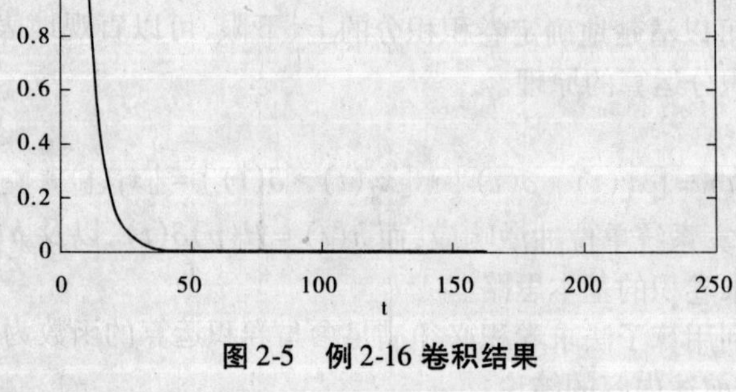

图 2-5 例 2-16 卷积结果

第六节　系统的时域分析法举例

本节用一个完整的例题来归纳和总结本章所讨论的系统时域分析的方法及步骤。

【例 2-17】　已知某 LTI 系统的微分方程为 $y''(t)+3y'(t)+2y(t)=x'(t)+x(t)$，其中，$x(t)=(2e^{-t}-1)u(t)$，系统的初始状态 $y_x(0)=y'_x(0)=1$，求系统的零输入响应 $y_x(t)$、单位冲激响应 $h(t)$、零状态响应 $y_f(t)$ 和全响应 $y(t)$。

解　(1)求系统的零输入响应 $y_x(t)$。

由系统的输入输出方程可得系统的传递算子为

$$H(p)=\frac{p+1}{p^2+3p+2}$$

所以系统的特征方程为

$$A(p)=p^2+3p+2=0$$

得

$$p_1=-1,p_2=-2$$

所以

$$y_x(t)=C_1e^{-t}+C_2e^{-2t}$$
$$y'_x(t)=-C_1e^{-t}-2C_2e^{-2t}$$

代入初始条件得

$$\begin{cases}y_x(0)=C_1+C_2=1\\y'_x(0)=-C_1-2C_2=1\end{cases}$$

求解得

$$C_1=3,C_2=-2$$

所以

$$y_x(t)=3e^{-t}-2e^{-2t},t\geqslant 0$$

(2)求单位冲激响应 $h(t)$。

因为

$$H(p)=\frac{p+1}{p^2+3p+2}=\frac{p+1}{(p+1)(p+2)}=\frac{K_1}{p+1}+\frac{K_2}{p+2}$$

其中

$$K_1=(p+1)\left.\frac{p+1}{(p+1)(p+2)}\right|_{p=-1}=0$$
$$K_2=(p+2)\left.\frac{p+1}{(p+1)(p+2)}\right|_{p=-2}=1$$

所以

$$h(t)=e^{-2t}u(t)$$

(3)求零状态响应 $y_f(t)$。

$$y_f(t)=f(t)*h(t)$$
$$=(2e^{-t}-1)u(t)*e^{-2t}u(t)$$

$$= \int_0^t (2e^{-\tau} - 1)e^{-2(t-\tau)} d\tau$$

$$= 2e^{\tau-2t}\Big|_0^t - \frac{1}{2}e^{2(\tau-t)}\Big|_0^t$$

$$= (2e^{-t} - \frac{3}{2}e^{-2t} - \frac{1}{2})u(t)$$

(4)求全响应 $y(t)$。

$$y(t) = y_x(t) + y_f(t) = 5e^{-t} - \frac{7}{2}e^{-2t} - \frac{1}{2}, t > 0$$

系统的零输入响应和单位冲激响应的形式都是由系统的自然频率决定的,但是两者确定系数的方法不同:零输入响应由系统初始状态来确定系数,而单位冲激响应的系数由传递算子展开成的部分分式系数决定。此外,由于一般系统是当 $t=0$ 时接入激励,所以在其零状态响应后加 $u(t)$,表示其响应仅在接入激励后,即 $t>0$ 时才存在。

小　结

本章主要讨论了信号与系统中最重要的问题:系统响应的求解。在时域分析中,将全响应分解为零输入响应和零状态响应之和。先引入算子的概念,然后介绍了求解零输入响应的方法。为了求解零状态响应,先讨论了单位冲激响应 $h(t)$ 的概念及求解方法,然后由此引出零状态响应的表达式 $y_f(t)=h(t)*x(t)$,引出了卷积积分的概念,在详细讨论了卷积性质之后,最后给出了零状态响应的求法。

习　题

2-1　已知系统的微分方程和起始条件,试求系统的零输入响应。

(1) $y''(t)+4y'(t)+3y(t)=x(t)$,　$y(0_-)=1$,　$y'(0_-)=1$

(2) $y''(t)+4y'(t)+4y(t)=x(t)$,　$y(0_-)=1$,　$y'(0_-)=1$

(3) $y''(t)+4y'(t)+8y(t)=x(t)$,　$y(0_-)=1$,　$y'(0_-)=2$

2-2　描述系统的微分方程分别为

(1) $y''(t)+y'(t)+y(t)=x'(t)+x(t)$

(2) $y''(t)+2y'(t)+y(t)=x'(t)+2x(t)$

试分别求其单位冲激响应。

2-3　求下列微分方程所描述的系统的单位冲激响应。

(1) $y'(t)+2y(t)=x(t)$

(2) $2y''(t)+8y(t)=x(t)$

(3) $3y''(t)+y''(t)+2y'(t)+2y(t)=x''(t)+2x(t)$

(4) $y''(t)+3y'(t)+2y(t)=x'''(t)+4x''(t)-5x(t)$

2-4　已知连续时间系统的传输算子 $H(p)$ 为

(1) $H(p)=\dfrac{p^3+2p^2-p-5}{p^2+5p+6}$

(2) $H(p)=\dfrac{3p^2+10p+26}{p(p^2+4p+13)}$

试求系统的输入输出方程及单位冲激响应 $h(t)$。

2-5 已知 $x(t)=u(t)-u(t-1)$，试求：

(1) $x_1(t)=x(t)*x(t)$

(2) $x_2(t)=x(t)*x(t-1)$

(3) $x_3(t)=x(t)*\dfrac{\mathrm{d}x(t)}{\mathrm{d}t}$

要求作出它们的图形。

2-6 试计算图 2-6 中各对信号的卷积积分：$y(t)=x_1(t)*x_2(t)$，并作出结果的图形。

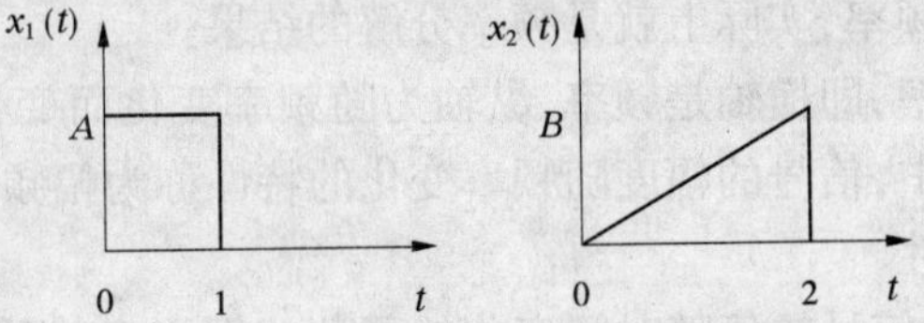

(a)

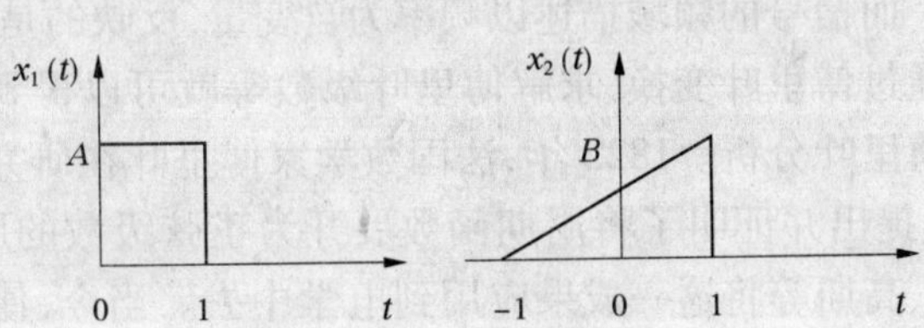

(b)

图 2-6 题 2-6 图

2-7 某 LTI 系统，初始状态不详，当激励为 $x(t)$ 时全响应为 $(2e^{-3t}+\sin 2t)u(t)$，当激励为 $2x(t)$ 时全响应为 $(e^{-3t}+2\sin 2t)u(t)$，求：

(1) 初始状态不变，当激励为 $x(t-1)$ 时其全响应，并指出零输入响应和零状态响应；

(2) 初始状态是原来的两倍，激励为 $2x(t)$ 时其全响应。

2-8 已知 LTI 系统的单位冲激响应 $h(t)=e^{-2t}u(t)$，试求在激励 $x(t)=e^{-t}[u(t)-u(t-2)]$ 作用下的零状态响应。

2-9 已知某 LTI 系统在输入 $x(t)$ 作用下的零状态响应为

$$y_f(t)=\int_{t-2}^{+\infty}e^{t-\tau}x(t-1)\mathrm{d}\tau$$

试求系统的单位冲激响应 $h(t)$。

2-10 设系统单位冲激响应 $h(t)=e^{-t}u(t)$，激励 $x(t)=e^{-|t|}$，试求此时的零状态响应。

第三章　连续时间信号与系统的频域分析

第一节　引　言

信号除时间表示方法外，还有最重要的频率表示方法。信号的频率表示就是频域分析。频域听起来并不陌生，在日常生活中较为常见。例如，太阳光透过棱镜被分解为七色光，不同颜色的光对应不同的频率，实际上就是频率分解的结果。

频域的自变量是频率，即横轴是频率，纵轴为随频率变化而变化的幅度和相位，也就是通常所说的频谱图。其中，信号的幅度随频率变化的特性称为幅频特性，信号的相位随频率变化的特性称为相频特性。

以时间为自变量，用信号幅值随时间变化的函数或图形来描述信号的方法称为信号的时域描述。时域描述的优点是简单直观，但是只能反映信号随时间变化的特性，而不能明确揭示信号的频率成分。而信号的频域描述以频率为自变量，反映的是信号的频率结构。

信号的时域描述通过傅里叶变换、求解傅里叶级数等就可以得到信号的频域分析。信号的频域分析又称为傅里叶分析。1822 年，法国数学家傅里叶在研究热传导理论时发表了《热的分析理论》著作，提出并证明了将周期函数展开为正弦级数的原理，奠定了傅里叶分析的基础。后来，泊松、高斯等将这一成果应用到电学中去。当今，傅里叶分析已经成为信号分析与系统设计不可缺少的重要工具。

本章从傅里叶级数展开开始讨论，引出傅里叶变换，建立信号频谱的概念。通过典型信号频谱以及傅里叶变换性质的研究，初步掌握傅里叶分析的应用。

第二节　周期信号的傅里叶级数

一、周期信号的三角级数表示

把正弦周期信号分解为傅里叶级数是法国数学家傅里叶所作的重大贡献。傅里叶以他惊人的洞察力，在向法兰西研究院提交的论文中提出：任何周期函数都可以用收敛的正弦级数表示。他的这种把信号分解为正弦分量的思想对后来的自然科学等领域产生了巨大影响。

为了便于理解用傅里叶级数表示周期信号的思想，不妨首先观察图 3-1 所示的锯齿波的变化过程。随着不同频率的三角函数的项数不断增加，合成结果就逐渐逼近周期锯齿波 $f(t)$。

若一个连续时间信号 $x(t)$ 是周期为 T 的周期信号，当 $x(t)$ 满足狄里赫利条件时，它可以表示为

$$x(t) = a_0 + a_1\cos(\Omega_1 t) + a_2\cos(2\Omega_1 t) + \cdots + a_n\cos(n\Omega_1 t) +$$

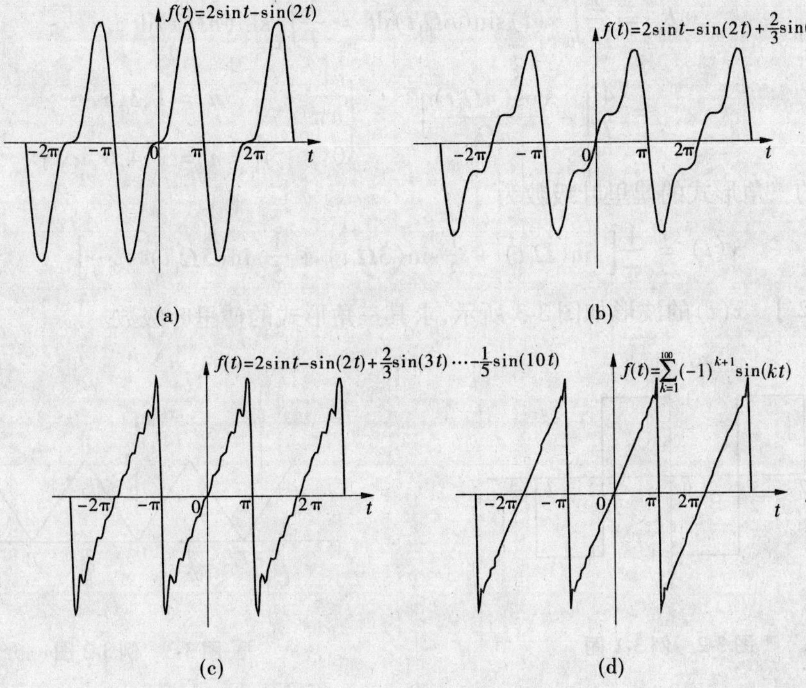

图 3-1　锯齿波的变化过程

$$b_1\sin(\Omega_1 t)+b_2\sin(2\Omega_1 t)+\cdots+b_n\sin(n\Omega_1 t)$$

$$=a_0+\sum_{n=1}^{+\infty}\left[a_n\cos(n\Omega_1 t)+b_n\sin(n\Omega_1 t)\right] \tag{3-1}$$

式中,Ω_1 为 $x(t)$ 的基波频率;$n\Omega_1$ 为 n 次谐波频率;a_0 为 $x(t)$ 的直流分量; a_n 和 b_n 为各余弦分量和正弦分量的幅度,称为傅里叶系数。

$$\Omega_1=\frac{2\pi}{T}$$

$$a_0=\frac{1}{T}\int_0^T x(t)\,\mathrm{d}t \tag{3-2}$$

$$a_n=\frac{2}{T}\int_0^T x(t)\cos(n\Omega_1 t)\,\mathrm{d}t \tag{3-3}$$

$$b_n=\frac{2}{T}\int_0^T x(t)\sin(n\Omega_1 t)\,\mathrm{d}t \tag{3-4}$$

式(3-1)表明,周期信号可以分解为直流分量和许多正、余弦分量。这些分量的频率是基波频率 Ω_1 的整数倍。而 Ω_1 由 $x(t)$ 的周期决定。式(3-1)称为周期信号的三角形式的傅里叶级数。

【例 3-1】 周期矩形波如图 3-2 所示,试求其三角形式的傅里叶级数。

解

$$a_0=\frac{1}{T}\int_{-\frac{T}{2}}^{\frac{T}{2}} x(t)\,\mathrm{d}t=0$$

$$a_n=\frac{2}{T}\int_{-\frac{T}{2}}^{\frac{T}{2}} x(t)\cos(n\Omega_1 t)\,\mathrm{d}t=0$$

$$b_n = \frac{2}{T}\int_0^T x(t)\sin(n\Omega_1 t)\,\mathrm{d}t = \frac{4}{T}\int_0^{\frac{T}{2}}\sin(n\Omega_1 t)\,\mathrm{d}t$$

$$= \frac{4}{T}\left[-\frac{\cos(n\Omega_1 t)}{n\Omega_1}\right]_0^{\frac{T}{2}} = \begin{cases}\dfrac{4}{n\pi} & n = 1,3,5,\cdots \\ 0 & n = 2,4,6,\cdots\end{cases}$$

所以 $x(t)$ 的三角形式的傅里叶级数为

$$x(t) = \frac{4}{\pi}\left[\sin(\Omega_1 t) + \frac{1}{3}\sin(3\Omega_1 t) + \frac{1}{5}\sin(5\Omega_1 t) + \cdots\right]$$

【例 3-2】 $x(t)$ 的波形如图 3-3 所示，求其三角形式的傅里叶级数。

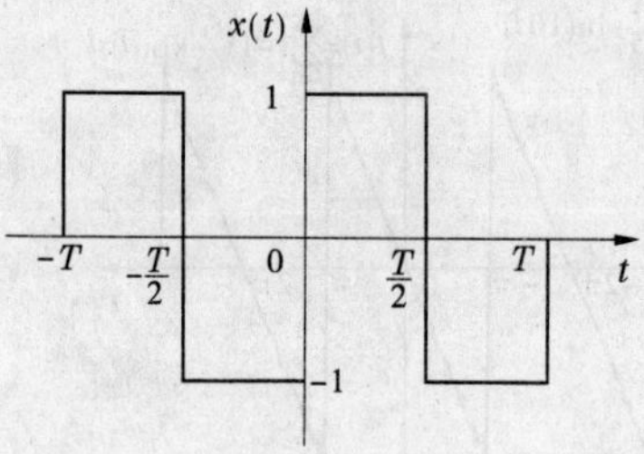

图 3-2 例 3-1 图

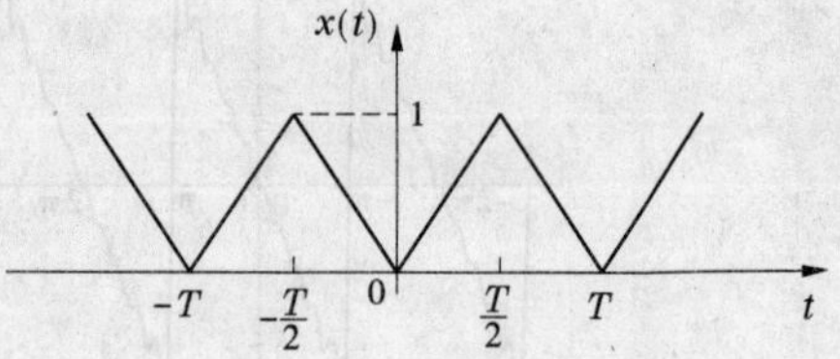

图 3-3 例 3-2 图

解

$$a_0 = \frac{1}{T}\int_{-\frac{T}{2}}^{\frac{T}{2}} x(t)\,\mathrm{d}t$$

$$= \frac{1}{T}\left[\int_0^{\frac{T}{2}}\frac{2}{T}t\,\mathrm{d}t - \int_{-\frac{T}{2}}^{0}\frac{2}{T}t\,\mathrm{d}t\right] = \frac{1}{2}$$

$$a_n = \frac{4}{T}\int_0^{\frac{T}{2}}\frac{2}{T}t\cos(n\Omega_1 t)\,\mathrm{d}t$$

$$= \frac{8}{T^2}\left[\frac{t}{n\Omega_1}\sin(n\Omega_1 t)\right]_0^{\frac{T}{2}} - \frac{8}{T^2}\int_0^{\frac{T}{2}}\frac{1}{n\Omega_1}\sin(n\Omega_1 t)\,\mathrm{d}t$$

$$= \frac{2}{(n\pi)^2}\left[(-1)^n - 1\right] = \begin{cases}-\dfrac{4}{(n\pi)^2} & n = 1,3,5,\cdots \\ 0 & n = 2,4,6,\cdots\end{cases}$$

$$b_n = 0$$

所以 $x(t)$ 的三角形式的傅里叶级数为

$$x(t) = \frac{1}{2} - \frac{4}{\pi^2}\sum_{n=1,3,5,\cdots}^{+\infty}\frac{1}{n^2}\cos\left(\frac{2n\pi}{T}t\right)$$

二、指数形式的傅里叶级数

现在介绍傅里叶级数的另一种形式——指数形式。

根据欧拉公式

$$\cos x = \frac{\mathrm{e}^{\mathrm{j}x} + \mathrm{e}^{-\mathrm{j}x}}{2}$$

$$\sin x = \frac{\mathrm{e}^{\mathrm{j}x} - \mathrm{e}^{-\mathrm{j}x}}{2\mathrm{j}}$$

式(3-1)可表示为

$$x(t) = \sum_{n=-\infty}^{+\infty} X_n e^{jn\Omega_1 t} \tag{3-5}$$

式中 X_n 为指数形式的傅里叶级数系数,又称为频谱系数。

$$X_n = \frac{1}{T}\int_0^T x(t)e^{-jn\Omega_1 t}dt \tag{3-6}$$

式(3-5)表明,周期信号可分解为区间$(-\infty, +\infty)$上的指数信号 $e^{jn\Omega_1 t}$ 的线性组合。

【例 3-3】 周期矩形波如图 3-4 所示,试求其指数形式的傅里叶级数。

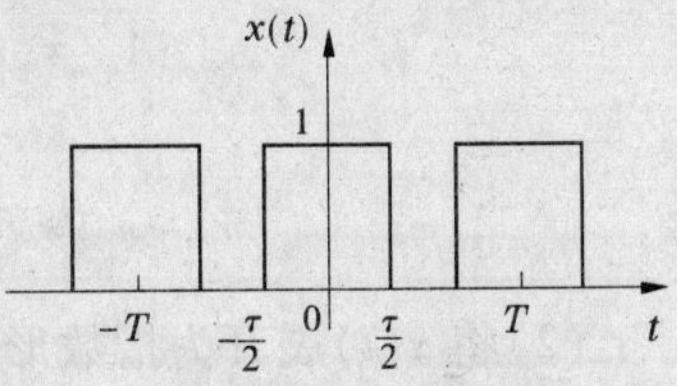

图 3-4 例 3-3 图

解

$$X_n = \frac{1}{T}\int_{-\frac{T}{2}}^{\frac{T}{2}} x(t)e^{-jn\Omega_1 t}dt$$

$$= \frac{1}{T}\int_{-\frac{\tau}{2}}^{\frac{\tau}{2}} e^{-jn\Omega_1 t}dt$$

$$= \frac{e^{-jn\Omega_1 t}}{j - Tn\Omega_1}\Bigg|_{-\frac{\tau}{2}}^{\frac{\tau}{2}} = \frac{2}{Tn\Omega_1}\sin\left(\frac{n\Omega_1\tau}{2}\right)$$

所以

$$x(t) = \sum_{n=-\infty}^{+\infty} \frac{1}{\pi n}\sin\left(\frac{\pi n\tau}{T}\right)e^{jn\Omega_1 t}$$

三、周期信号的频谱

根据前面的内容可知,周期信号分解为傅里叶级数后,得到的是直流分量和无穷多正弦分量的和。为了更直观地反映周期信号中各频率分量的分布情形,需要将它们的各分量的振幅和相位用图形表示出来,即信号的频谱图。在频谱图中,谐波分量的振幅 A_n 随频率变化的关系称为振幅频谱;谐波分量的相位 φ_n 随频率变化的关系称为相位频谱。习惯上常将振幅频谱简称为频谱,它是今后研究的重点。

将 $A_n \sim \Omega$ 和 $\varphi_n \sim \Omega$ 的关系分别画在以 Ω 为横轴的平面上,由于采用的是三角形式的傅里叶级数,其角频率 Ω 是非负的,所以对应的频谱称为单边频谱。将 $|X_n| \sim \Omega$ 和 $\varphi_n \sim \Omega$ 的关系分别画在以 Ω 为横轴的平面上,由于采用的是指数形式的傅里叶级数,其角频率 Ω 为整个实轴,所以对应的频谱称为双边频谱。

【例 3-4】 幅度为 A、脉冲宽度为 τ 的周期矩形脉冲,其周期为 T,如图 3-5 所示,试分别画出其单边频谱和双边频谱。

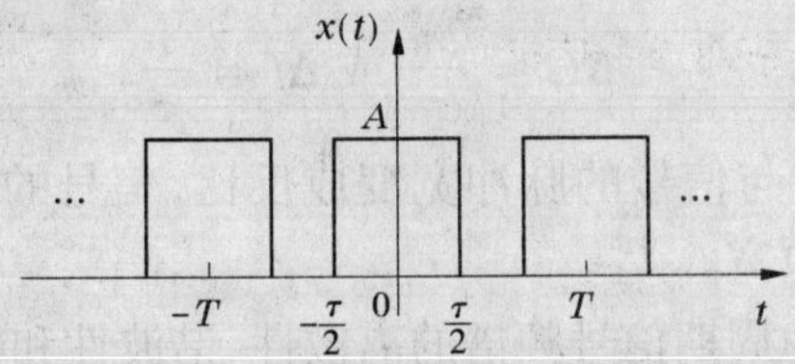

图 3-5 例 3-4 图

解 (1)将 $x(t)$ 展开为三角形式的傅里叶级数。

$$b_n = 0$$

$$a_0 = \frac{1}{T}\int_{-\frac{T}{2}}^{\frac{T}{2}} x(t)\,\mathrm{d}t = \frac{1}{T}\int_{-\frac{\tau}{2}}^{\frac{\tau}{2}} A\mathrm{d}t = \frac{A\tau}{2}$$

$$a_n = \frac{2}{T}\int_{-\frac{T}{2}}^{\frac{T}{2}} x(t)\cos(n\Omega_1 t)\,\mathrm{d}t = \frac{2A}{n\pi}\sin\left(\frac{n\pi\tau}{T}\right)$$

$$= \frac{2A\tau}{T}Sa\left(\frac{n\pi\tau}{T}\right)$$

$$A_n = \sqrt{a_n^2 + b_n^2} = |a_n| = \frac{2A\tau}{T}\cdot\left|Sa\left(\frac{n\pi\tau}{T}\right)\right|$$

$$\theta_n = -\arctan\left(\frac{b_n}{a_n}\right) = \begin{cases} 0 & a_n > 0 \\ -\pi & a_n < 0 \end{cases}$$

(2)将 $x(t)$ 展开为指数形式的傅里叶级数。

$$X_n = \frac{1}{T}\int_{-\frac{\tau}{2}}^{\frac{\tau}{2}} A\mathrm{e}^{-\mathrm{j}n\Omega_1 t}\mathrm{d}t = \frac{A\tau}{T}Sa\left(\frac{n\Omega_1\tau}{2}\right) = |X_n|\mathrm{e}^{\mathrm{j}\theta_n}$$

$$X_n = \frac{A_n}{2} = \frac{A\tau}{2}\left|Sa\left(\frac{n\Omega_1\tau}{2}\right)\right|$$

$$\theta_n = \begin{cases} 0 \\ -\pi \end{cases}$$

在图 3-6 所示周期矩形脉冲信号的频谱图中,每根直线称为谱线,其所在位置 $n\Omega_1$ 即为该次谐波的角频率,每根谱线的高度为该次谐波的振幅值。归纳起来,(周期信号)振幅频谱具有以下特点:

(1)频谱图由频率离散的谱线组成,每根谱线代表一个谐波分量。这样的频谱称为不连续频谱或离散频谱。

(2)谱线只能在 Ω_1 的整数倍频率上出现。所以,T 越大,谱线间隔越大。

(3)周期矩形脉冲信号包括无穷多条谱线,也就是说,它可以分解为无穷多个频率分量。各谱线的高度一般随谐波次数的增高而逐渐减小。当谐波次数无限增高时,谐波分量的振幅趋于无穷小。所以,其主要能量集中在第一个零点以内。

如图 3-6 所示,信号的能量主要集中在 $(0,\frac{2\pi}{\tau})$ 的低频分量上,在允许一定失真的条件下,那些次数较高的谐波分量可以忽略不计。因此,常把 $\Omega=0\sim\frac{2\pi}{\tau}$ 这段频率范围称为矩形脉冲的有效带宽或频带宽度,简称为信号的带宽,记作 $\Delta\Omega$,即

$$\Delta\Omega = \frac{2\pi}{\tau} \text{ 或 } \Delta f = \frac{1}{\tau}$$

可见,信号的频带宽度与信号的脉冲宽度成反比,信号的脉冲宽度愈宽,频带愈窄;反之,脉冲宽度愈窄,其频带愈宽。

以上三个特点分别称为周期信号频谱的离散性、谐波性和收敛性。

四、典型周期信号频谱

在周期信号的频谱分析中,例 3-4 所示的矩形脉冲信号的频谱分析具有典型的意义,

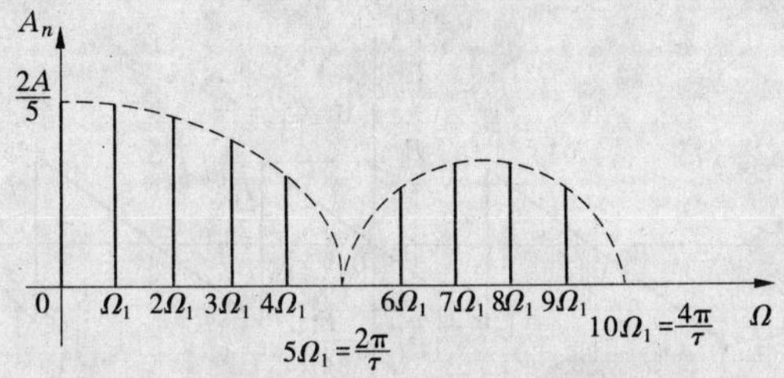

(a)三角形式的幅度频谱

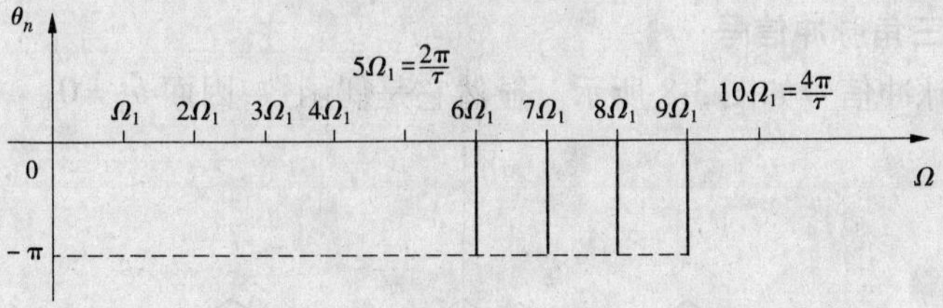

(b)三角形式的相位频谱

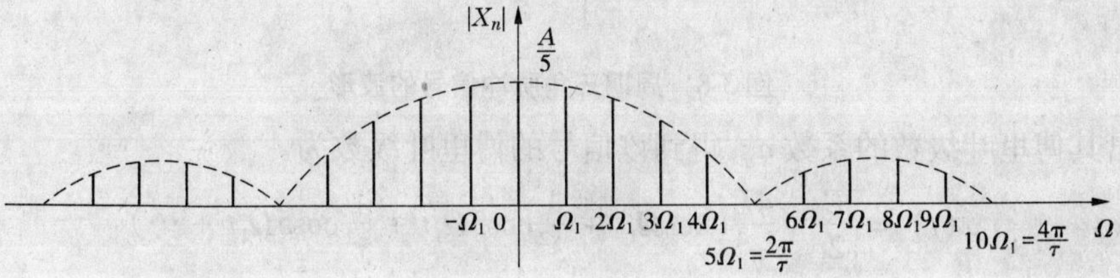

(c)指数形式的幅度频谱

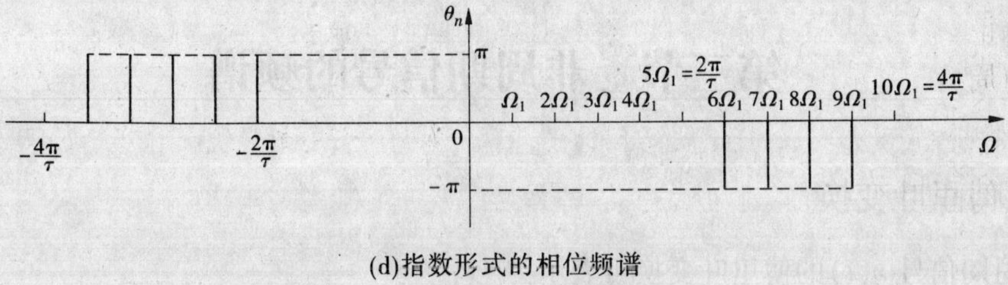

(d)指数形式的相位频谱

图 3-6　周期矩形脉冲信号的频谱图

得到广泛的应用。在此基础上，下面给出一些其他典型周期信号频谱分析的结果。

（一）周期锯齿脉冲信号

周期锯齿脉冲信号如图 3-7 所示。显然它是奇函数，因而 $a_n=0$，可以求出傅里叶级数系数 b_n。

这样，可得周期锯齿脉冲信号的傅里叶级数为

$$
\begin{aligned}
x(t) &= \frac{E}{\pi}\left(\sin\Omega_1 t-\frac{1}{2}\sin 2\Omega_1 t+\frac{1}{3}\sin 3\Omega_1 t-\frac{1}{4}\sin 4\Omega_1 t+\cdots\right)\\
&= \frac{E}{\pi}\sum_{n=1}^{\infty}(-1)^{n+1}\frac{1}{n}\sin n\Omega_1 t
\end{aligned}
$$

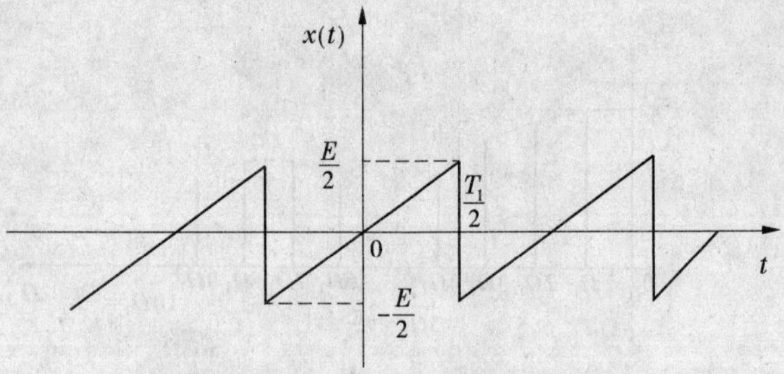

图 3-7　周期锯齿脉冲信号的波形

(二)周期三角脉冲信号

周期三角脉冲信号如图 3-8 所示。显然它是偶函数,因而 $b_n=0$。

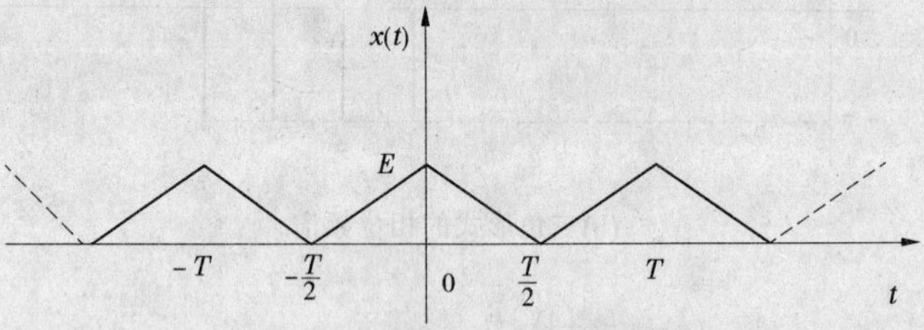

图 3-8　周期三角脉冲信号的波形

求出其傅里叶级数的系数 a_n,得到该信号的傅里叶级数为

$$x(t)=\frac{E}{2}+\frac{4E}{\pi^2}\left(\cos\Omega_1 t+\frac{1}{3^2}\cos 3\Omega_1 t+\frac{1}{5^2}\cos 5\Omega_1 t+\cdots\right)$$

$$=\frac{E}{2}+\frac{4E}{\pi^2}\sum_{n=1}^{\infty}\frac{1}{n^2}\sin^2\frac{n\pi}{2}\cos n\Omega_1 t$$

第三节　非周期信号的频谱

一、傅里叶变换

非周期信号 $x(t)$ 的傅里叶变换可表示为

$$X(j\Omega)=\int_{-\infty}^{+\infty}x(t)e^{-j\Omega t}dt \tag{3-7}$$

已知 $X(j\Omega)$,求 $x(t)$ 的过程称为傅里叶反变换,即

$$x(t)=\frac{1}{2\pi}\int_{-\infty}^{+\infty}X(j\Omega)e^{j\Omega t}d\Omega \tag{3-8}$$

式(3-7)、式(3-8)组成一傅里叶变换对,式(3-7)称为傅里叶反变换,常用以下符号表示:

$$X(j\Omega)=F[x(t)]$$
$$x(t)=F^{-1}[X(j\Omega)]$$

或记为

$$x(t)\leftrightarrow X(j\Omega)$$

$X(j\Omega)$一般为复函数,可写为

$$X(j\Omega) = |X(j\Omega)| e^{j\varphi(\Omega)}$$

式中,$|X(j\Omega)|$为幅度频谱,$\varphi(\Omega)$为相位频谱。

非周期信号可以看成是周期 $T\to\infty$ 的周期信号。由前面的讨论可知,在 $T\to\infty$ 时,谱线间隔 Ω_1 趋于无穷小,从而离散频谱变为连续频谱,故非周期信号的频谱为连续频谱。

二、常用非周期信号的频谱

(一)门函数的频谱

幅度为1、宽度为 τ 的门函数(如图3-9所示),记为 $G_\tau(t)$。

由式(3-6)可知:

$$X(j\Omega) = \int_{-\infty}^{+\infty} G_\tau(t) e^{-j\Omega t} dt = \int_{-\frac{\tau}{2}}^{\frac{\tau}{2}} e^{-j\Omega t} dt$$

$$= \tau \frac{\sin(\frac{\Omega\tau}{2})}{\frac{\Omega\tau}{2}} = \tau Sa(\frac{\Omega\tau}{2})$$

画出其频谱,如图3-10所示,由图可见,非周期信号的频谱为连续频谱,带宽为 $\Delta f = \frac{1}{\tau}$。

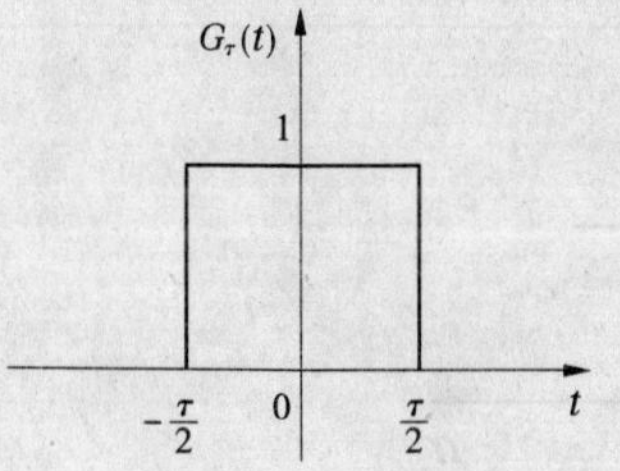

图3-9 门函数

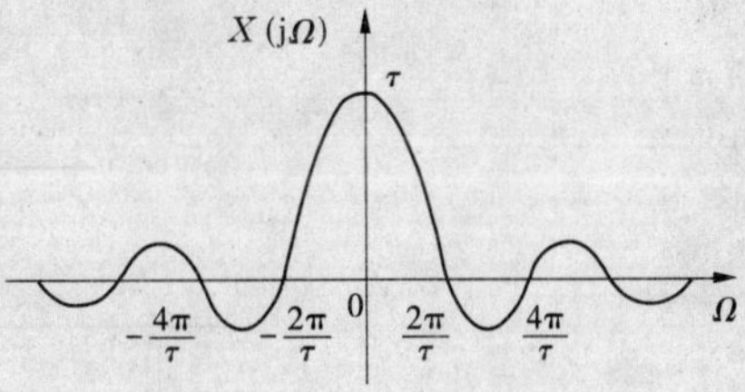

图3-10 门函数频谱

由上可见,虽然门信号在时域内是有限的,然而它的频谱却以 $Sa\left(\frac{\Omega\tau}{2}\right)$ 的规律变化,分布在无限宽的频率范围内,但主要信号能量处于 $f = 0 \sim \frac{1}{\tau}$ 范围内。因而,通常认为这种信号占有频率范围(频带)近似为 $\frac{1}{\tau}$。

(二)单边指数信号的频谱

单边指数信号的表达式为

$$x(t) = \begin{cases} e^{-at} & t \geq 0 \\ 0 & t < 0 \end{cases}$$

$$X(j\Omega) = \int_{-\infty}^{+\infty} x(t) e^{-j\Omega t} dt$$

$$= \int_{0}^{+\infty} e^{-at} e^{-j\Omega t} dt$$

$$= \frac{1}{a + j\Omega}$$

所以,单边指数信号的波形、幅度频谱、相位频谱如图 3-11 所示。

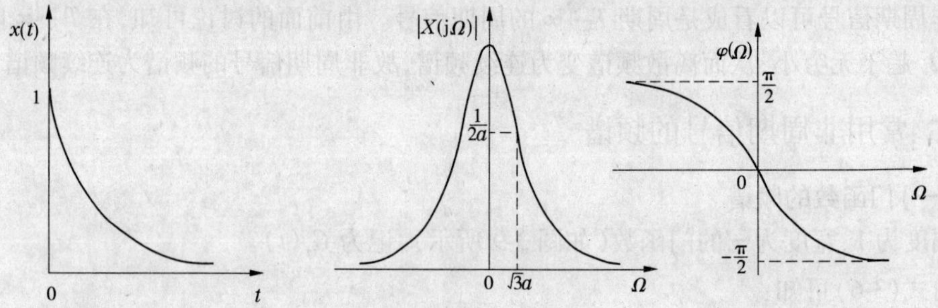

图 3-11　单边指数信号的波形及频谱

(三)冲激信号的频谱

单位冲激信号的傅里叶变换为

$$X(j\Omega) = \int_{-\infty}^{+\infty} \delta(t) e^{-j\Omega t} dt = 1$$

即 $\delta(t) \leftrightarrow 1$,其频谱如图 3-12 所示。

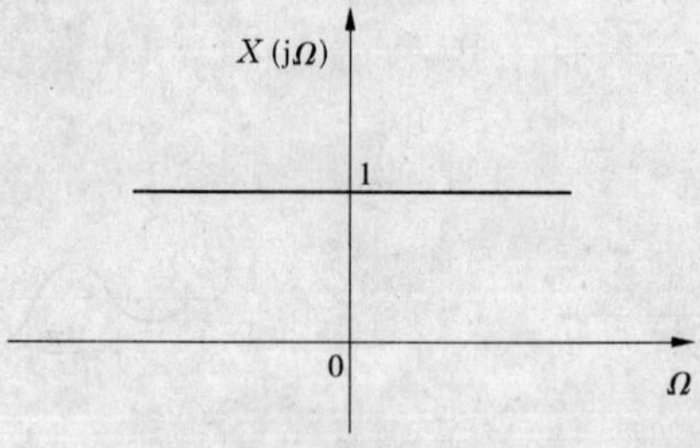

图 3-12　冲激信号的频谱

可见,单位冲激信号的频谱等于常数,也就是说,在整个频率范围内频谱是均匀分布的。显然,在时域中变化异常激烈的冲激信号包含幅度相等的所有频率分量。因此,这种频谱常常被叫做“均匀谱”或“白色谱”。

(四)直流信号的频谱

直流信号 $x(t) = 1$。

由傅里叶反变换式(3-8),且 $\delta(t)$ 为 t 的偶函数,则 $\delta(t)$ 可表示为

$$\delta(t) = \delta(-t) = \frac{1}{2\pi}\int_{-\infty}^{+\infty} e^{j\Omega t} d\Omega$$

将上式中的 Ω 换为 t,t 换为 Ω,有

$$2\pi\delta(\Omega) = \int_{-\infty}^{+\infty} e^{j\Omega t} dt$$

该式表明单位直流信号的傅里叶变换为 $2\pi\delta(\Omega)$,即

$$1 \leftrightarrow 2\pi\delta(\Omega)$$

第四节　傅里叶变换的性质

一、线性

傅里叶变换是线性积分变换，故满足线性性质，即

$$a_1x_1(t)+a_2x_2(t)\leftrightarrow a_1X_1(\mathrm{j}\Omega)+a_2X_2(\mathrm{j}\Omega)$$

二、尺度变换

尺度变换性质揭示了信号在时域中的压缩和扩展与频谱函数在频域中的扩展和压缩的对应关系。它可以表达如下：

若

$$x(t)\leftrightarrow X(\mathrm{j}\Omega)$$

则

$$x(at)\leftrightarrow \frac{1}{|a|}X\left(\mathrm{j}\,\frac{\Omega}{a}\right)$$

可知：信号时域波形的压缩（扩展），对应其频谱图形的扩展（压缩），且两域内展缩的倍数是一致的。

三、时移特性

若时间信号有时移，则遵循时移性质，即

若

$$x(t)\leftrightarrow X(\mathrm{j}\Omega)$$

则

$$x(t\pm t_0)\leftrightarrow X(\mathrm{j}\Omega)\mathrm{e}^{\pm \mathrm{j}\Omega t_0}$$

【例 3-5】　求图 3-13 所示三个脉冲信号组成的信号 $x(t)$ 的频谱。

解　令 $x_0(t)$ 表示门函数，其频谱为

$$X_0(\mathrm{j}\Omega)=\tau Sa(\frac{\Omega\tau}{2})$$

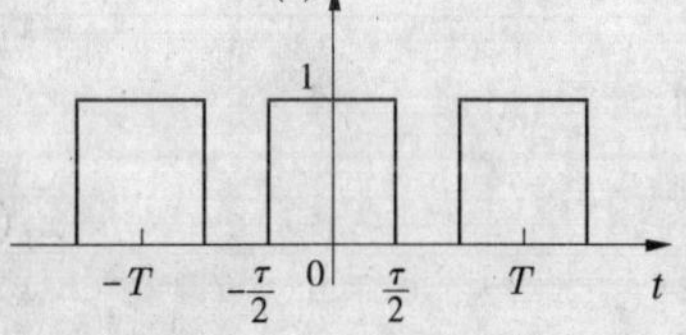

图 3-13　例 3-5 图

由时移特性可知

$$x(t)=x_0(t)+x_0(t+\tau)+x_0(t-\tau)$$

所以

$$\begin{aligned}X(\mathrm{j}\Omega)&=X_0(\mathrm{j}\Omega)+X_0(\mathrm{j}\Omega)\mathrm{e}^{\mathrm{j}\Omega\tau}+X_0(\mathrm{j}\Omega)\mathrm{e}^{-\mathrm{j}\Omega\tau}\\&=X_0(\mathrm{j}\Omega)(1+\mathrm{e}^{\mathrm{j}\Omega\tau}+\mathrm{e}^{-\mathrm{j}\Omega\tau})\end{aligned}$$

四、频移特性

若

$$x(t)\leftrightarrow X(\mathrm{j}\Omega)$$

则

$$x(t)e^{j\Omega_0 t}\leftrightarrow X[j(\Omega-\Omega_0)],x(t)e^{-j\Omega_0 t}\leftrightarrow X[j(\Omega+\Omega_0)]$$

可知:时域内乘以 $e^{\pm j\Omega_0 t}$,则频域内频谱搬移(左、右)Ω_0 个单位。这种频谱搬移技术在移动通信系统中应用广泛,如信号的调制解调、变频、混频等过程。

【例 3-6】 求 $x(t)=\cos(\Omega_0 t)$ 的频谱。

解 根据欧拉公式可知

$$\cos(\Omega_0 t)=\frac{1}{2}(e^{j\Omega_0 t}+e^{-j\Omega_0 t})$$

并且

$$1\leftrightarrow 2\pi\delta(\Omega)$$

所以

$$X(j\Omega)=\pi[\delta(\Omega-\Omega_0)+\delta(\Omega+\Omega_0)]$$

五、时域卷积定理

若

$$x_1(t)\leftrightarrow X_1(j\Omega),x_2(t)\leftrightarrow X_2(j\Omega)$$

则

$$x_1(t)*x_2(t)\leftrightarrow X_1(j\Omega)X_2(j\Omega)$$

【例 3-7】 求三角信号 $x(t)=G_\tau(t)*G_\tau(t)$ 的频谱。

解

$$G_\tau(t)\leftrightarrow \tau Sa\left(\frac{\Omega\tau}{2}\right)$$

$$G_\tau(t)*G_\tau(t)\leftrightarrow \tau Sa\left(\frac{\Omega\tau}{2}\right)\cdot \tau Sa\left(\frac{\Omega\tau}{2}\right)$$

$$F[x(t)]=F[G_\tau(t)*G_\tau(t)]=\tau^2 Sa^2\left(\frac{\Omega t}{2}\right)$$

六、频域卷积定理

若

$$x_1(t)\leftrightarrow X_1(j\Omega),x_2(t)\leftrightarrow X_2(j\Omega)$$

则

$$x_1(t)x_2(t)\leftrightarrow \frac{1}{2\pi}X_1(j\Omega)*X_2(j\Omega)$$

七、时域微分和积分

若

$$x(t)\leftrightarrow X(j\Omega)$$

则

$$x^{(1)}(t)\leftrightarrow j\Omega X(j\Omega)$$

$$x^{(n)}(t)\leftrightarrow (j\Omega)^n X(j\Omega)$$

$$x^{(-1)}(t)\leftrightarrow \pi X(0)\delta(\Omega)+\frac{X(j\Omega)}{j\Omega}$$

【例 3-8】 求单位阶跃信号的傅里叶变换。

分析从波形中可以看出,阶跃信号不满足绝对可积条件,但是它仍然存在傅里叶变换。

解

$$u(t) = \delta^{-1}(t),\ \delta(t) \leftrightarrow 1$$

所以

$$u(t) \leftrightarrow \pi\delta(\Omega) + \frac{1}{\mathrm{j}\Omega}$$

八、频域微分和积分

若

$$x(t) \leftrightarrow X(\mathrm{j}\Omega)$$

则

$$tx(t) \leftrightarrow \mathrm{j}\frac{\mathrm{d}X(\mathrm{j}\Omega)}{\mathrm{d}\Omega}$$

$$\frac{1}{\mathrm{j}}\pi x(0)\delta(t) + \frac{1}{t}x(t) \leftrightarrow \frac{1}{\mathrm{j}}\int_{-\infty}^{+\infty} X(\mathrm{j}\Omega)\,\mathrm{d}\Omega$$

第五节　周期信号的傅里叶变换

以上几节讨论了周期信号的傅里叶级数,以及非周期信号的傅里叶变换问题。现在,再来研究周期信号是否存在傅里叶变换,如果存在,它与傅里叶级数之间有着怎样的联系。我们的目的是力图把周期信号与非周期信号的分析方法统一起来,使得傅里叶变换这一工具得到更广泛的应用。

由前面内容可知

$$1 \leftrightarrow 2\pi\delta(\Omega)$$

由频移性质得

$$\mathrm{e}^{\pm \mathrm{j}\Omega_0 t} \leftrightarrow 2\pi\delta(\Omega \mp \Omega_0)$$

所以由欧拉公式可知

$$\cos(\Omega_0 t) \leftrightarrow \pi[\delta(\Omega + \Omega_0) + \delta(\Omega - \Omega_0)]$$
$$\sin(\Omega_0 t) \leftrightarrow \mathrm{j}\pi[\delta(\Omega + \Omega_0) - \delta(\Omega - \Omega_0)]$$

对于周期信号可表示为

$$x(t) = \sum_{n=-\infty}^{+\infty} X_n \mathrm{e}^{\mathrm{j}n\Omega_1 t}$$

对 $x(t)$ 取傅里叶变换,并利用频移性质,得

$$X(\mathrm{j}\Omega) = 2\pi\sum_{n=-\infty}^{+\infty} X_n \delta(\Omega - n\Omega_1)$$

即周期信号也可以表示为傅里叶变换的形式,这给信号分析带来了方便,并且周期信号的傅里叶变换为谐波处的冲激串,冲激强度为相应傅里叶级数系数的 2π 倍。

例如,周期单位冲激串信号 $\delta_T(t) = \sum_{n=-\infty}^{+\infty}\delta(t - nt)$,如图 3-14 所示。

因为

$$\delta(t) \leftrightarrow 1$$

所以

$$X_n = \frac{1}{T}\int_{-\frac{T}{2}}^{\frac{T}{2}} x_T(t)\,\mathrm{e}^{-\mathrm{j}n\Omega_1 t}\mathrm{d}t = \frac{1}{T}$$

$$\delta_T(t) = \sum_{n=-\infty}^{+\infty} X_n \mathrm{e}^{\mathrm{j}n\Omega_1 t} = \frac{1}{T}\sum_{n=-\infty}^{+\infty} \mathrm{e}^{\mathrm{j}n\Omega_1 t}$$

则

$$X(\mathrm{j}\Omega) = F[\delta_T(t)] = \frac{1}{T}\sum_{n=-\infty}^{+\infty} F[\mathrm{e}^{\mathrm{j}n\Omega_1 t}] = \frac{1}{T}\sum_{n=-\infty}^{+\infty} 2\pi\delta(\Omega - n\Omega_1)$$

$$= \frac{2\pi}{T}\sum_{n=-\infty}^{+\infty} \delta(\Omega - n\Omega_1) = \Omega_1 \sum_{n=-\infty}^{+\infty} \delta(\Omega - n\Omega_1)$$

$\delta_T(t)$频谱如图 3-15 所示。

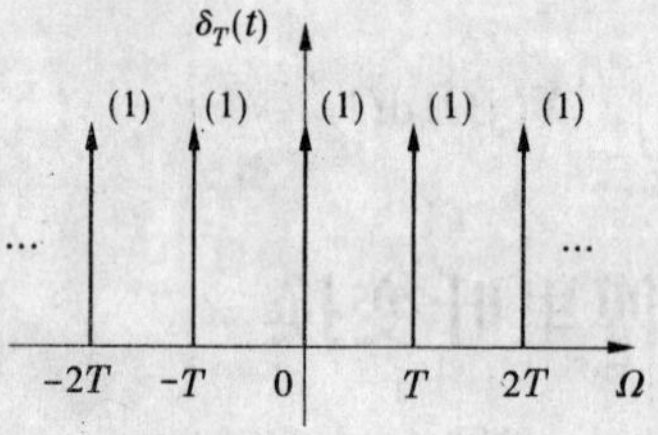

图 3-14　周期单位冲激串

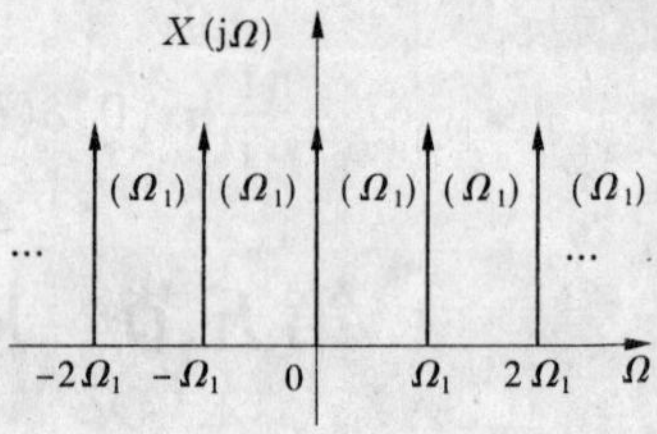

图 3-15　$\delta_T(t)$频谱

第六节　抽样信号的傅里叶变换

所谓抽样,就是利用抽样脉冲信号 $p(t)$ 从连续信号 $x(t)$ 中抽取一系列离散样值,这种离散信号通常称为抽样信号,用 $x_s(t)$ 表示,如图 3-16 所示。图 3-17 为抽样的原理框图。连续信号经过抽样变成抽样信号以后,往往需要再经过量化、编码变成数字信号。这种数字信号经过传输,然后进行上述过程的逆变换就可恢复原来的连续信号。基于这种原理所构成的数字通信系统往往在很多性能上都要比模拟通信系统优越。随着数字技术与计算机的迅速发展,这种通信方式已经得到了广泛应用。本节只研究信号经过抽样后频谱的变化规律。

在一般情况下,抽样过程是通过抽样脉冲信号 $p(t)$ 与连续信号相乘来完成的,即

$$x_s(t) = p(t) \cdot x(t) \tag{3-9}$$

在理想抽样下,$p(t) = \delta_T(t)$,这称为冲激抽样或理想抽样。根据频域卷积定理可知:

$$X_s(\Omega) = \frac{1}{2\pi}X(\Omega) * P(\Omega)$$

$$= \frac{1}{2\pi}X(\Omega) * \frac{1}{T_s}2\pi\sum_{n=-\infty}^{+\infty}\delta(\Omega - n\Omega_s)$$

$$= \frac{1}{T_s}\sum_{n=-\infty}^{+\infty} X(\Omega - n\Omega_s) \tag{3-10}$$

式(3-10)表明,连续信号 $x(t)$ 在时域被抽样以后,抽样信号的频谱 $X_s(\Omega)$ 是由连续信

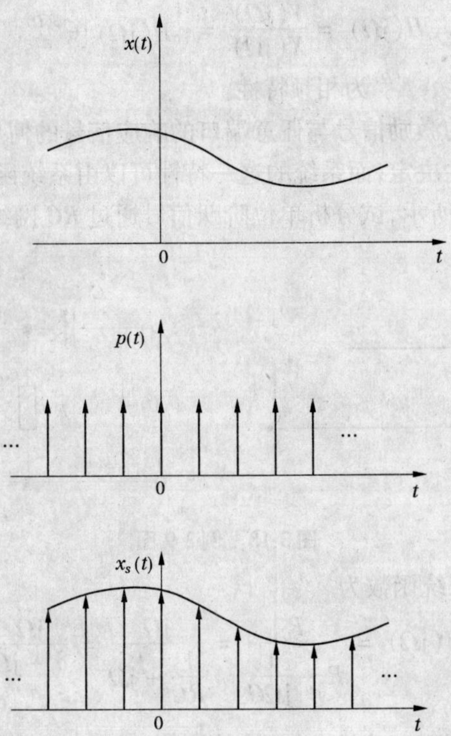

图 3-16　抽样

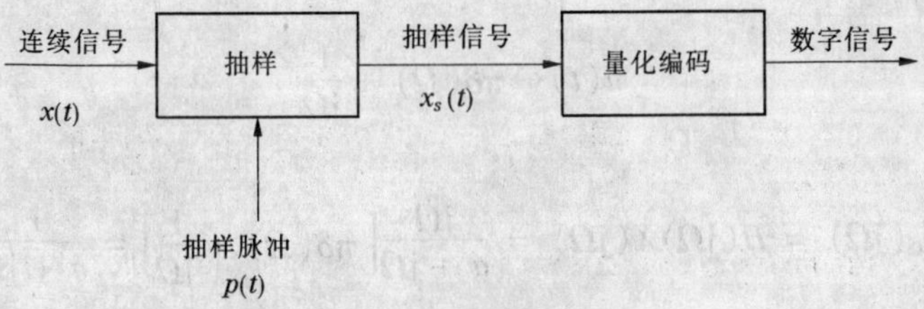

图 3-17　抽样的原理框图

号 $x(t)$ 的频谱以抽样频率 Ω_s 为周期延拓得到的。

第七节　LTI 系统的频域分析

一、系统函数

对于 LTI 系统，引入傅里叶变换后，在时域分析和频域分析之间建立了对应关系。若输入信号为 $x(t)$，系统的冲激响应为 $h(t)$，则系统的零状态响应为

$$y(t) = x(t) * h(t)$$

若

$$x(t) \leftrightarrow X(\mathrm{j}\Omega),\ h(t) \leftrightarrow H(\mathrm{j}\Omega),\ y(t) \leftrightarrow Y(\mathrm{j}\Omega)$$

则 $Y(\mathrm{j}\Omega) = X(\mathrm{j}\Omega)H(\mathrm{j}\Omega)$，所以可以定义系统函数为

$$H(j\Omega) = \frac{Y(j\Omega)}{X(j\Omega)} = |H(j\Omega)|e^{j\varphi(\Omega)} \tag{3-11}$$

式中，$|H(j\Omega)|$为幅频特性，$e^{j\varphi(\Omega)}$为相频特性。

总之，系统任意端口的激励信号与任意端口的响应信号的傅里叶变换之比，仅仅由系统内部元件的阻抗、导纳特性决定，而系统的这一特性可以由系统函数准确地描述。

【例 3-9】 如图 3-18 所示，试分析单位阶跃信号通过 RC 网络后的波形。

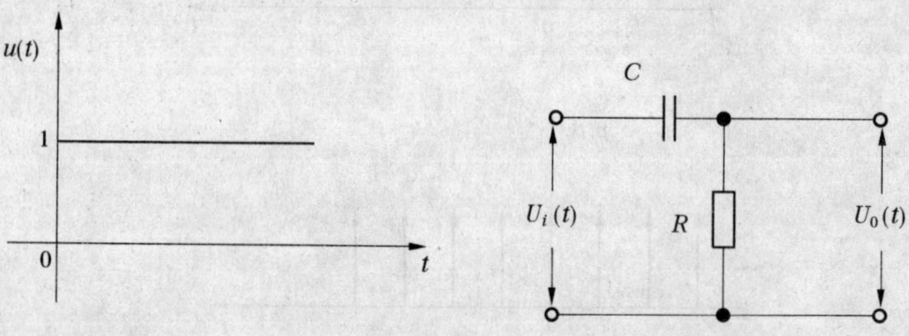

图 3-18　例 3-9 图

解　RC 高通网络的系统函数为

$$H(j\Omega) = \frac{R}{R + \frac{1}{j\Omega C}} = \frac{j\Omega}{\frac{1}{RC} + j\Omega} = \frac{j\Omega}{a + j\Omega}$$

$$a = \frac{1}{RC}$$

对于单位阶跃信号

$$u(t) \leftrightarrow \pi\delta(\Omega) + \frac{1}{j\Omega}$$

所以输出信号

$$U_0(j\Omega) = H(j\Omega)X(j\Omega) = \frac{j\Omega}{a + j\Omega}\left[\pi\delta(\Omega) + \frac{1}{j\Omega}\right] = \frac{1}{a + j\Omega}$$

故

$$U(t) = F^{-1}[U_0(j\Omega)] = e^{-at}u(t)$$

二、信号无失真传输

信号无失真传输是指输入信号经过系统后，输出信号与输入信号相比，只有幅度大小和出现时间先后的不同，而波形不变。其相对应的数学模型具有如下形式：

$$y(t) = Kx(t - t_0)$$

设输入信号 $x(t)$ 的频谱函数为 $X(j\Omega)$，输出信号 $y(t)$ 的频谱函数为 $Y(j\Omega)$，根据傅里叶变换的时移特性，可得

$$Y(j\Omega) = KX(j\Omega)e^{-j\Omega t_0} = H(j\Omega)X(j\Omega)$$

因此无失真传输系统的系统函数为

$$H(j\Omega) = Ke^{-j\Omega t_0}$$

而系统无失真传输的条件是

$$\begin{cases} |H(j\Omega)| = K \\ \varphi(\Omega) = -\Omega t_0 \end{cases}$$

即欲使信号在通过线性系统时，不产生任何失真，必须在信号的全部频带内，要求系统频率响应的幅度特性是一常数，相位特性是一通过原点的直线。

三、理想低通滤波器

能够实现无失真传输的典型系统就是理想低通滤波器。这种滤波器将高于 f_c 的频率完全衰减，而将低于 f_c 的频率予以传送。f_c 称为截止频率。其传输函数为

$$H(f) = \begin{cases} A_0 e^{-j2\pi f t_0} & |f| < f_c \\ 0 & \text{其他} \end{cases}$$

图 3-19(a)为理想低通滤波器的幅、相频特性，可见其满足无失真传输条件。理想低通滤波器的时域脉冲响应函数是 $Sa(t)$ 函数

$$h(t) = 2A_0 f_c \frac{\sin[2\pi f_c(t - t_0)]}{2\pi f_c(t - t_0)}$$

其图形如图 3-19(b)所示。

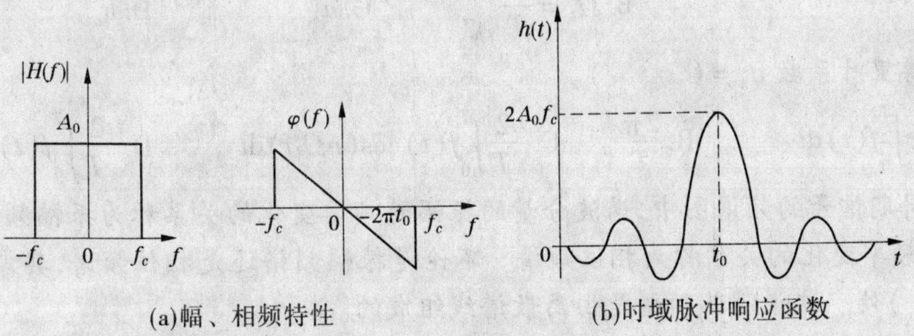

图 3-19　理想低通滤波器幅、相频特性和时域脉冲响应函数

小　结

本章的主要内容为连续信号与系统的频域分析。其中，周期信号在满足一定条件下都可以分解成傅里叶级数。傅里叶级数有三角形式和指数形式两种。周期信号的频谱具有离散性、收敛性和谐波性，并且周期信号的频谱能量主要集中在第一个零点之内，由此可定义信号的带宽为 $B = \frac{1}{\tau}$。

非周期信号的频谱可通过求取其傅里叶变换得到。傅里叶变换的性质包括：线性、时移、频移、时域积分微分等。利用傅里叶变换的性质，可以方便地求取信号的频谱。

周期信号也存在傅里叶变换，为频域内 $n\Omega_1$ 处的冲激序列，冲激强度为相应处的傅里叶级数系数的 2π 倍。

LTI 系统在满足一定条件下可以实现无失真传输，其中，理想低通滤波器是最简单的无失真传输系统。

习　题

3-1　已知信号 $f(t)=\mathrm{e}^{-2|t|}$，则其频谱函数 $F(\Omega)=$ ________。

已知信号 $f(t)=\mathrm{e}^{-at}\sin(\omega_0 t)u(t)$，则其频谱函数 $F(\Omega)=$ ________。

3-2　选择题

(1)周期信号展开成三角形式的傅里叶级数如下式所示：

$f(t)=a_0+\sum_{n=1}^{+\infty}[a_n\cos(n\Omega_1 t)+b_n\sin(n\Omega_1 t)]$，式中代表基波频率的是(　　)。

A. a_0　　B. $\Omega_1=\frac{2\pi}{T}$　　C. a_n　　D. b_n

(2)选择题(1)式中 $n\Omega_1$ 代表(　　)。

A. 直流分量　　B. n 次谐波频率　　C. 基波频率　　D. 正弦与余弦分量的幅度

(3)选择题(1)式中直流分量是(　　)。

A. a_0　　B. $\Omega_1=\frac{2\pi}{T}$　　C. a_n　　D. b_n

(4)傅里叶系数 $a_n=$(　　)。

A. $\frac{1}{T}\int_0^T f(t)\,\mathrm{d}t$　　B. $\frac{2\pi}{T}$　　C. $\frac{2}{T}\int_0^T f(t)\cos(n\Omega_1 t)\,\mathrm{d}t$　　D. $\frac{2}{T}\int_0^T f(t)\sin(n\Omega_1 t)\,\mathrm{d}t$

(5)周期信号的频谱图中，谐波分量的振幅随频率变化的关系称为振幅频谱，谐波分量的相位随频率变化的关系称为相位频谱。不论是振幅频谱还是相位频谱，其谱线所在位置均为(　　)处。这说明其频谱是由离散谱线组成的。

A. $n\Omega_1$　　B. $\Omega_1=\frac{2\pi}{T}$　　C. a_n　　D. b_n

(6)门函数的频谱是(　　)。

A. $\tau Sa\left(\frac{\Omega\tau}{2}\right)$，是抽样函数　　B. $2\pi\delta(\Omega)$　　C. 1，是均匀谱　　D. $\frac{1}{\alpha+\mathrm{j}\Omega}$

(7)傅里叶变换的性质中，下式代表了其(　　)性质。

若 $f(t)\leftrightarrow F(\Omega)$，则 $f(at)\leftrightarrow\frac{1}{|a|}F\left(\frac{\Omega}{a}\right)$

A. 频移　　B. 时移　　C. 时域卷积　　D. 尺度变换

(8)冲激信号 $\delta(t)$ 的频谱是(　　)。

A. $\tau Sa\left(\frac{\Omega\tau}{2}\right)$，是抽样函数　　B. $2\pi\delta(\Omega)$　　C. 1，是均匀谱　　D. $\frac{1}{\alpha+\mathrm{j}\Omega}$

(9)傅里叶变换的性质中，下式代表了其(　　)性质。

若 $f(t)\leftrightarrow F(\Omega)$，则 $f(t\pm t_0)\leftrightarrow F(\Omega)\mathrm{e}^{\pm\mathrm{j}\Omega t_0}$

A. 频移　　B. 时移　　C. 时域卷积　　D. 尺度变换

(10)傅里叶变换的性质中，下式代表了其(　　)性质。

设 $f_1(t)\leftrightarrow F_1(\Omega)$，$f_2(t)\leftrightarrow F_2(\Omega)$，则 $f_1(t)f_2(t)\leftrightarrow\frac{1}{2\pi}[F_1(\Omega)*F_2(\Omega)]$

A. 频域卷积　　B. 时移　　C. 时域卷积　　D. 尺度变换

3-3 将图 3-20 中的方波信号 $f(t)$ 展开为傅里叶级数。

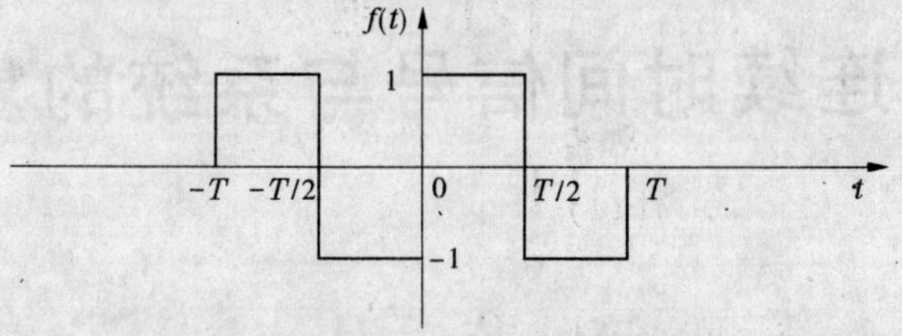

图 3-20　题 3-3 图

3-4 求图 3-21 中周期函数的频谱。

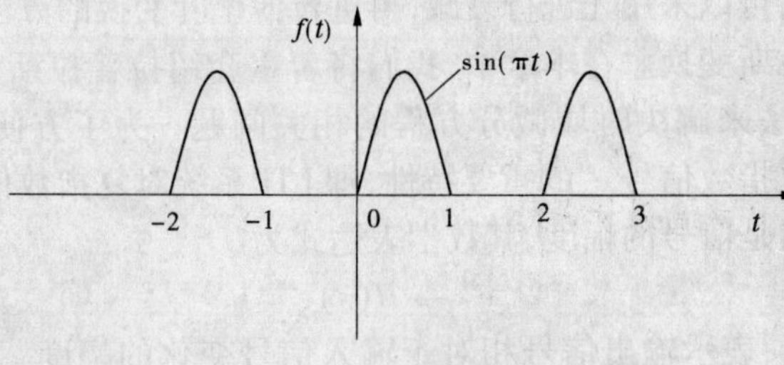

图 3-21　题 3-4 图

3-5 求下列信号的傅里叶变换：

(1) $f(t)=\mathrm{e}^{-\mathrm{j}t}\delta(t-2)$

(2) $f(t)=\mathrm{e}^{-3(t-1)}\delta'(t-1)$

3-6 根据傅里叶的对称性，求出下列函数的傅里叶变换：

(1) $f(t)=\dfrac{\sin[2\pi(t-2)]}{\pi(t-2)},-\infty<t<+\infty$

(2) $f(t)=\dfrac{2\alpha}{\alpha^2+t^2},-\infty<t<+\infty$

3-7 若已知 $f(t)\leftrightarrow F(\mathrm{j}\Omega)$，求下列函数的频谱：

(1) $(1-t)f(1-t)$

(2) $\mathrm{e}^{\mathrm{j}t}f(3-2t)$

(3) $\dfrac{\mathrm{d}f(t)}{\mathrm{d}t}\cdot\dfrac{1}{\pi t}$

3-8 分别利用线性性质、时域积分性质和时域卷积定理求图 3-22 所示梯形脉冲的傅里叶变换，并大致画出 $\tau=2\tau_1$ 情况下该脉冲的频谱图。

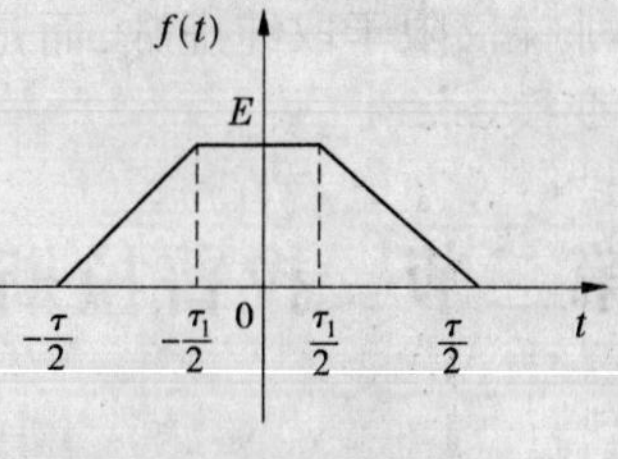

图 3-22　题 3-8 图

第四章　连续时间信号与系统的复频域分析

第一节　引　言

由于狄里赫利条件的限制，傅里叶变换的使用受到了一定程度的限制，因此对于不满足狄里赫利条件的信号，可以采用先进行衰减，再进行傅里叶变换的方法来处理。根据这种思路，我们引出了拉普拉斯变换。在本章中，我们将着重介绍拉普拉斯变换的概念及其性质，并用复频域分析的方法来解决时域微分方程的相关问题。为了方便地计算 LTI 系统的响应，我们重点研究了复指数信号 e^{st} 的重要特性，即 LTI 系统对复指数信号的响应也是一个复指数信号，变化的仅仅是信号的幅度，其数学表达式为

$$e^{st} \rightarrow H(s)e^{st} \tag{4-1}$$

其中 $H(s)$ 为幅度因子，表示输出信号相对于输入信号变化的幅度。可以看出，LTI 系统对复指数信号的响应非常简单，有一个很简单的表达式。为了能够使这个简单的表达式得到广泛应用，我们考虑把一般的信号分解为复指数信号 e^{st} 的线性叠加，这样就可以很方便地写出每一个复指数信号分量对应的响应，进而得出整个信号的响应。在式(4-1)中，s 是一个复变量，表示复频率，由实部和虚部两部分构成，即 $s=\sigma+j\Omega$。

在第三章中，我们首先考虑了复频率 s 仅有虚部的情况，即 $s=j\Omega$，此时复指数信号 e^{st} 就变成了 $e^{j\Omega t}$ 的形式，对于这种信号，我们只需将式(4-1)中的复频率 s 换成 $j\Omega$ 即可得出其响应

$$e^{j\Omega t} \rightarrow H(j\Omega)e^{j\Omega t} \tag{4-2}$$

傅里叶级数存在的充分条件为周期信号 $f(t)$ 须满足狄里赫利条件，即

(1)一个周期内仅有有限个间断点；

(2)一个周期内仅有有限个极值；

(3)一个周期内绝对可积。

傅里叶级数的本质就是将满足狄里赫利条件的周期信号表示为离散频率的 $e^{j\Omega t}$ 信号的线性叠加，而傅里叶变换的本质就是将满足狄里赫利条件的非周期信号表示为连续频率的 $e^{j\Omega t}$ 信号的线性叠加。

在这一章中，我们将研究复频率 s 为完整形式的情况，把一般信号分解为复指数信号的叠加，其频率不再像第三章中那样仅限于取纯虚数，而是可以取任意复数，这就将傅里叶变换进一步推广，成为拉普拉斯变换。

第二节　拉普拉斯变换

一、拉普拉斯变换的定义

根据第三章，我们已经有傅里叶变换的公式

$$X(\mathrm{j}\Omega) = \int_{-\infty}^{+\infty} x(t)\mathrm{e}^{-\mathrm{j}\Omega t}\mathrm{d}t \tag{4-3}$$

但是 $X(\mathrm{j}\Omega)$ 存在的条件则较为苛刻，由于一般的非周期信号可以看做周期为无穷大的周期信号，因此其傅里叶变换的存在要求 $x(t)$ 在整个无穷区间 $(-\infty, +\infty)$ 上绝对可积，即

$$\int_{-\infty}^{+\infty} |x(t)|\mathrm{d}t < +\infty \tag{4-4}$$

而有一些常见的信号就不满足这个条件，例如阶跃信号 $x(t) = u(t)$，正弦信号 $x(t) = \sin(\Omega t)$，等等。对于这些不满足绝对可积条件的信号，为了研究其频域特性，可以先对原信号进行适当的处理，使之满足绝对可积条件之后，再进行傅里叶变换。

将原信号与指数衰减信号 $\mathrm{e}^{-\sigma t}$ 相乘，得到一个新的信号 $x(t)\mathrm{e}^{-\sigma t}$，其中 σ 为正实数。指数衰减信号 $\mathrm{e}^{-\sigma t}$ 的图像如图 4-1 所示。

可以看出，随着时间的增加，信号将衰减且趋于零，这样一来，构建的新信号也将随着时间的增加而衰减，只要选取适当的 σ，就可以使得新信号满足绝对可积条件。关于 σ 的选取，我们将在后面的章节中介绍。

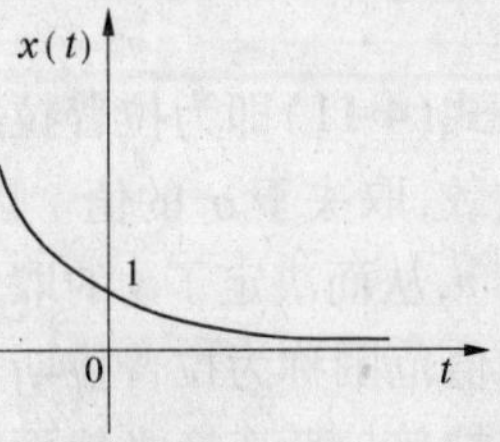

图 4-1　指数衰减信号 $\mathrm{e}^{-\sigma t}$ 的图像

假定我们选取了适当的 σ 使得 $x(t)\mathrm{e}^{-\sigma t}$ 绝对可积，我们就可以对这个信号进行傅里叶变换。根据傅里叶变换公式，我们有

$$X(\sigma + \mathrm{j}\Omega) = \int_{-\infty}^{+\infty} x(t)\mathrm{e}^{-\sigma t}\mathrm{e}^{-\mathrm{j}\Omega t}\mathrm{d}t \tag{4-5}$$

需要注意的是，此时频域函数的特性由自变量 σ 和 Ω 共同影响，因此括号中的自变量写成 $\sigma + \mathrm{j}\Omega$ 的形式，而不再像第三章傅里叶变换公式中仅仅写成 $\mathrm{j}\Omega$ 的形式。

根据傅里叶逆变换公式，我们可以得到

$$x(t)\mathrm{e}^{-\sigma t} = \frac{1}{2\pi}\int_{-\infty}^{+\infty} X(\sigma + \mathrm{j}\Omega)\mathrm{e}^{\mathrm{j}\Omega t}\mathrm{d}\Omega \tag{4-6}$$

两边同乘以 $\mathrm{e}^{\sigma t}$，可以得到

$$x(t) = \frac{1}{2\pi}\int_{-\infty}^{+\infty} X(\sigma + \mathrm{j}\Omega)\mathrm{e}^{\mathrm{j}\Omega t}\mathrm{d}\Omega \cdot \mathrm{e}^{\sigma t} \tag{4-7}$$

我们已知 $s = \sigma + \mathrm{j}\Omega$，将等式两边同时对 Ω 求导可得 $\frac{\mathrm{d}s}{\mathrm{d}\Omega} = \mathrm{j}$，即 $\mathrm{d}s = \mathrm{j}\mathrm{d}\Omega$，则式(4-7)可改写为

$$x(t) = \frac{1}{2\pi\mathrm{j}}\int_{\sigma-\infty}^{\sigma+\infty} F(s)\mathrm{e}^{st}\mathrm{d}s \tag{4-8}$$

式(4-5)也可对应地改写为

$$F(s) = \int_{-\infty}^{+\infty} x(t)\mathrm{e}^{-st}\mathrm{d}t \tag{4-9}$$

式(4-9)称为信号 $x(t)$ 的拉普拉斯变换，可以记为 $F(s) = L[x(t)]$。式(4-8)称为拉普拉斯变换的逆变换，可以记为 $x(t) = L^{-1}[F(s)]$。

拉普拉斯变换与傅里叶变换十分相似，事实上拉普拉斯变换可以看做特殊的傅里叶变换，即先对原信号进行衰减处理之后，再进行傅里叶变换。因此，相对于第三章，我们研究的对象多了一个衰减因子中的自变量 σ，频率 $\mathrm{j}\Omega$ 也相应地变成了复频率 $s = \sigma + \mathrm{j}\Omega$。对信号

$x(t)$做拉普拉斯变换，实际上就等于对信号 $x(t)e^{-\sigma t}$ 做傅里叶变换。而$x(t)$拉普拉斯变换的收敛条件，实际上就等于 $x(t)e^{-\sigma t}$ 傅里叶变换的收敛条件。

二、拉普拉斯变换的收敛域

既然进行拉普拉斯变换时需要首先对信号 $x(t)$ 进行衰减，那么首先面临的问题就是衰减因子 $e^{-\sigma t}$ 中自变量 σ 究竟应取什么样的值，才能使得 $x(t)e^{-\sigma t}$ 的傅里叶变换收敛。根据傅里叶变换的绝对可积条件，我们有

$$\int_{-\infty}^{+\infty} |x(t)e^{-\sigma t}| dt < +\infty \tag{4-10}$$

由于 $e^{-\sigma t}$ 总是大于零，因此可以将其提到绝对值运算外部，即

$$\int_{-\infty}^{+\infty} |x(t)| e^{-\sigma t} dt < +\infty \tag{4-11}$$

式(4-11)即为拉普拉斯变换的绝对可积条件，可以看出，$x(t)$ 的拉普拉斯变换 $F(s)$ 是否收敛，取决于 σ 的值。因此，为了保证 $F(s)$ 能够收敛，σ 的取值是受到限制的，由于 $\sigma = \mathrm{Re}(s)$，从而决定了 s 的取值也必将受到限制。我们把能够使得拉普拉斯变换积分收敛的 s 的取值范围称为拉普拉斯变换的收敛域(Region of Convergence，简称 ROC)。收敛域问题是研究拉普拉斯变换必然面对的问题，对信号做拉普拉斯变换，必须同时指出其收敛域。

【例 4-1】 求信号 $x(t) = e^{-at}u(t)\ (a>0)$ 的拉普拉斯变换。

解 首先要确定拉普拉斯变换的收敛域，为了满足 $F(s)$ 收敛，有

$$\int_{-\infty}^{+\infty} |e^{-at}u(t)| e^{-\sigma t} dt < +\infty \tag{4-12}$$

由于 e^{-at} 总是大于零，因此式(4-12)可写为

$$\int_{0}^{+\infty} e^{-at}e^{-\sigma t} dt = \int_{0}^{+\infty} e^{-(a+\sigma)t} < +\infty$$

根据指数信号的性质可知，$a+\sigma>0$，即 $\sigma > -a$ 或写为 $\mathrm{Re}(s) > -a$。这就是信号的拉普拉斯变换的收敛域，其在 s 平面的图像如图 4-2 所示。

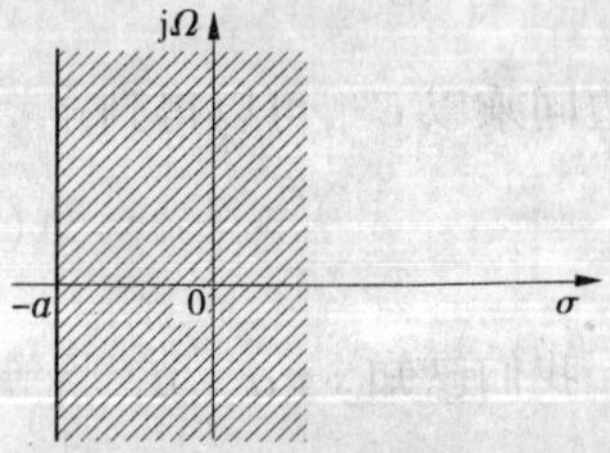

图 4-2 信号 $x(t) = e^{-at}u(t)\ (a>0)$ 的拉普拉斯变换的收敛域

根据式(4-9)有

$$F(s) = \int_{-\infty}^{+\infty} e^{-at}u(t)e^{-st} dt = \int_{0}^{+\infty} e^{-(a+s)t} dt$$

$$= \frac{-1}{s+a} e^{-(a+s)t}\Big|_{0}^{+\infty} = \frac{1}{s+a}$$

在本例题中，如果 a 的值小于零，则 $x(t)$ 不满足傅里叶变换的绝对可积条件，例如 $a=-3$ 时，$x(t) = e^{3t}u(t)$，其傅里叶变换不存在，然而只要我们选取的 σ 满足 $\sigma>3$，就可以保证其拉普拉斯变换存在。

【例 4-2】 求信号 $x(t) = e^{-t}u(t) + e^{-3t}u(t)$ 的拉普拉斯变换。

解 由例 4-1 可知，$e^{-t}u(t)$ 的收敛域为 $\mathrm{Re}(s) > -1$，拉普拉斯变换为$\frac{1}{s+1}$，$e^{-3t}u(t)$ 的收敛域为 $\mathrm{Re}(s) > -3$，拉普拉斯变换为$\frac{1}{s+3}$，$x(t)$ 是这两个信号的线性叠加，要想让 $F(s)$ 收敛，s 的取值必须同时满足 $\mathrm{Re}(s) > -1$ 与 $\mathrm{Re}(s) > -3$，即取两者的重合部分 $\mathrm{Re}(s) > -1$，

这就是 $F(s)$ 的收敛域。根据式(4-9)有

$$F(s) = \frac{1}{s+1} + \frac{1}{s+3} = \frac{2s+4}{s^2+4s+3} \qquad \text{Re}(s) > -1$$

或者也可以运用 MATLAB 软件提供的 laplace 命令比较方便地完成拉普拉斯变换,通过输入命令:

```
syms t
laplace(exp(-2 * t) + exp(-3 * t))
```

可以得到运行结果 1/(s+2)+1/(s+3),这与我们的运算结果一致。

【例 4-3】 求信号 $x(t) = -e^{-\beta t}u(-t)(\beta > 0)$ 的拉普拉斯变换。

解 首先要确定拉普拉斯变换的收敛域,为了满足 $F(s)$ 收敛,有

$$\int_{-\infty}^{+\infty} \left| -e^{-\beta t}u(-t) \right| e^{-\sigma t} dt < +\infty \tag{4-13}$$

由于 $e^{-\beta t}$ 总是大于零,因此式(4-13)可写为

$$\int_{-\infty}^{0} e^{-\beta t} e^{-\sigma t} dt = \int_{-\infty}^{0} e^{-(\beta+\sigma)t} < +\infty$$

根据指数信号的性质可知,$\beta + \sigma < 0$,即 $\sigma < -\beta$ 或写为 $\text{Re}(s) < -\beta$。这就是信号的拉普拉斯变换的收敛域,其在 s 平面的图像如图 4-3 所示。

根据式(4-9)有

$$F(s) = \int_{-\infty}^{+\infty} -e^{-\beta t}u(-t)e^{-st} dt = -\int_{-\infty}^{0} e^{-(\beta+s)t} dt = \frac{1}{s+\beta} e^{-(\beta+s)t} \Big|_{-\infty}^{0} = \frac{1}{s+\beta} \quad \text{Re}(s) < -\beta$$

可以看出,这个信号的 $F(s)$ 与例 4-1 中的结果是一样的,唯一不同的就是收敛域。

在以上三个例子中,它们的拉普拉斯变换都是复频率 s 的两个多项式之比,即具有如下形式:

$$F(s) = \frac{N(s)}{D(s)} \tag{4-14}$$

我们把这种形式的函数 $F(s)$ 称为有理函数,或者叫做有理拉普拉斯变换,其中 $N(s)$ 和 $D(s)$ 分别叫做分子多项式和分母多项式。除去一个常数因子外,一个有理拉普拉斯变换的分子多项式与分母多项式都能够用它们的根来表达,如例 4-2 中 $F(s)$ 的分母多项式为 s^2+4s+3,我们只需要知道这个多项式的两个根 -1 和 -3,就可以用 $(s+1)(s+3)$ 来得到原分母多项式。因此,我们只需要在平面坐标内标示出 $N(s)$ 和 $D(s)$ 根的位置,就可以完整地描述出整个表达式。其中,令 $N(s)=0$ 的根称为零点,因为当 $N(s)=0$ 时 $F(s)=0$,而令 $D(s)=0$ 的根称为极点,因为当 $D(s)=0$ 时,$F(s)=\infty$。

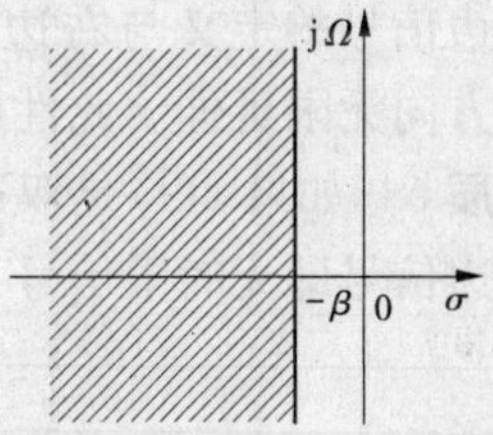

图 4-3 信号 $x(t) = -e^{-\beta t}u(-t)(a>0)$ 的拉普拉斯变换的收敛域

三、拉普拉斯变换收敛域的性质

从例 4-1 和例 4-3 这两个例题中我们可以看出,两个不相同的函数居然有着完全相同的 $F(s)$ 表达式,因此我们仅仅根据 $F(s)$ 的表达式是无法确定原信号的,不同的信号可以有着完全相同的 $F(s)$ 表达式,要想区分出这两个信号,只有看收敛域才行,这就说明了收敛域的重要性。下面我们将集中讲述拉普拉斯变换(ROC)的一些特性。

性质1　$F(s)$的 ROC 的边界是平行于虚轴的。

由式(4-12)我们注意到,$x(t)$的拉普拉斯变换收敛与否,完全取决于σ,即复频率s的实部,而虚部$j\Omega$对其收敛性没有影响,因此复频率s在取值的时候,只在实轴上受到限制,在虚轴上则不受限制,故$F(s)$的 ROC 边界都是平行于虚轴的。

性质2　对有理拉普拉斯变换来说,ROC 内不包括任何极点。

从极点的定义可知,当s取到极点时,会使得$F(s)=\infty$,即$F(s)$在极点处不收敛,故 ROC 内部不能包括任何极点。

性质3　如果$x(t)$是有限持续时间的信号,且绝对可积,则其收敛域为整个s平面。

$x(t)$只在有限的区间(t_1,t_2)内不为零,在这个有限的区间内,无论σ取什么值,单调函数$e^{-\sigma t}$总归是有限的,两个有限信号的乘积$x(t)e^{-\sigma t}$自然是有限的,因此复频率s可以任意取值。

性质4　如果$x(t)$是右边信号,则其收敛域在最右边极点以右。

若在某个时间T_1之前,$x(t)=0$,在T_1之后则向$+\infty$方向无限延伸,则该信号称为右边信号。这种信号也可以直观地称为有始无终信号,即起始于某一点,向右无限延伸。例 4-1 和例 4-2 中的信号都是右边信号,可以看出,右边信号的收敛域均向右延伸,这是因为若衰减因子中的σ取值达到足够大,衰减足够快,使得$x(t)e^{-\sigma t}$绝对可积,那更大的σ值一定会导致更快的衰减,同样使得$x(t)e^{-\sigma t}$满足绝对可积,因此某一点以右的区域必定都是拉普拉斯变换的收敛域。从例 4-2 可以看出,如果信号由几个右边信号组成,则其收敛域为这几个右边信号收敛域的重叠部分, 即最右边极点以右的区域。

性质5　如果$x(t)$是左边信号,则其收敛域在最左边极点以左。

左边信号的定义与右边信号相反,即若在某个时间T_1之后,$x(t)=0$,在T_1之前则向$-\infty$方向无限延伸。此性质的证明和性质 4 的证明类似。

性质6　如果$x(t)$是双边信号,则其收敛域是一条平行于虚轴的带状区域。

双边信号即无时限信号,或者直观地称为无始无终信号。

【例 4-4】　求函数$x(t)=\begin{cases} e^{a_1 t}, t<0 \\ e^{a_2 t}, t>0 \end{cases}$的拉普拉斯变换。

解　这个信号是一个双边信号,首先确定其收敛域,可以将原信号看做一个左边信号和一个右边信号的叠加。由于对于$t<0$的情况,其收敛域为$\sigma<a_1$,对于$t>0$的情况,其收敛域为$\sigma>a_2$,因此原信号的收敛域应该同时满足$\sigma<a_1$和$\sigma>a_2$。如果$a_1>a_2$,则$x(t)$的收敛域为$a_2<\sigma<a_1$,在复平面上为一条平行于虚轴的带状区域;如果$a_1<a_2$,则没有任何σ能满足条件,故其拉普拉斯变换不存在。

$$F(s) = -\frac{1}{s-a_1}+\frac{1}{s-a_2}=\frac{a_2-a_1}{(s-a_1)(s-a_2)}$$

注意式(4-9)中的积分域为$(-\infty,+\infty)$,其中在$(0,+\infty)$的范围内,$e^{-\sigma t}$和$x(t)$相乘,起到指数衰减的作用,可以使得原本不满足绝对可积条件的信号$x(t)$变得绝对可积,但是在$(-\infty,0)$的范围内,$e^{-\sigma t}$非但不能起到衰减作用,反而会使得原信号变得更大。因此,当我们在使用拉普拉斯变换的时候,一般会把积分域限制在$(0,+\infty)$的范围内,以确保信号能够得到衰减,这样一来,式(4-9)就变成了

$$F(s) = \int_{0}^{+\infty} x(t)\mathrm{e}^{-st}\mathrm{d}t \tag{4-15}$$

式(4-15)称为单边拉普拉斯变换,相对应地,式(4-9)称为双边拉普拉斯变换。为了确保信号得到衰减,在本书中,如果不做特殊说明,所提到的拉普拉斯变换都是指单边拉普拉斯变换。另外,单边拉普拉斯变换的研究范围从 $t=0$ 时刻开始,符合我们对一般因果信号的处理习惯。

四、常用信号的拉普拉斯变换

(1)单位冲激信号的拉普拉斯变换。

$$L[\delta(t)] = \int_{0}^{+\infty} \delta(t)\mathrm{e}^{-st}\mathrm{d}t = \int_{0}^{+\infty} \delta(t)\mathrm{d}t = 1$$

显然,其收敛域为整个 s 平面,取任意复频率,其拉普拉斯变换积分都收敛,且恒等于1。需要指出的是,在做单边拉普拉斯变换时,为了将0时刻的冲击信号包括进去,做积分时下限要从 0_- 开始。

(2)单位阶跃信号的拉普拉斯变换。

首先确定其收敛域,$\int_{0}^{+\infty} |u(t)|\mathrm{e}^{-\sigma t}\mathrm{d}t = \int_{0}^{+\infty} \mathrm{e}^{-\sigma t}\mathrm{d}t < +\infty$,则要求 $\sigma > 0$,其收敛域为复平面虚轴右侧半平面 。

$$L[u(t)] = \int_{0}^{+\infty} u(t)\mathrm{e}^{-st}\mathrm{d}t = \int_{0}^{+\infty} \mathrm{e}^{-st}\mathrm{d}t = \left.\frac{\mathrm{e}^{-st}}{-s}\right|_{0}^{+\infty} = \frac{1}{s}$$

(3)函数 $x(t) = tu(t)$ 的拉普拉斯变换。

$$L[tu(t)] = \int_{0}^{+\infty} tu(t)\mathrm{e}^{-st}\mathrm{d}t = \int_{0}^{+\infty} t\mathrm{e}^{-st}\mathrm{d}t = \left.\frac{t\mathrm{e}^{-st}}{-s}\right|_{0}^{+\infty} + \frac{1}{s}\int_{0}^{+\infty} \mathrm{e}^{-st}\mathrm{d}t = \frac{1}{s^2}$$

根据右边信号的性质,同样可以确定其收敛域为 $\mathrm{Re}(s) > 0$。

同理可得

$$L[t^n u(t)] = \frac{n!}{s^{n+1}}$$

(4)指数函数 $x(t) = \mathrm{e}^{\alpha t}u(t)$($\alpha$ 为任意实数)的拉普拉斯变换。

$$L[\mathrm{e}^{\alpha t}u(t)] = \int_{0}^{+\infty} \mathrm{e}^{\alpha t}\mathrm{e}^{-st}\mathrm{d}t = \int_{0}^{+\infty} \mathrm{e}^{(\alpha-s)t}\mathrm{d}t = -\left.\frac{1}{s-\alpha}\mathrm{e}^{-(s-\alpha)t}\right|_{0}^{+\infty} = \frac{1}{s-\alpha}$$

根据右边信号的收敛域性质可知,其收敛域为 $\mathrm{Re}(s) > \alpha$。

第三节　拉普拉斯变换的性质

傅里叶变换的应用主要依赖于傅里叶变换的性质,可以很方便地解决许多问题,而不必完全依赖于傅里叶变换定义的积分式。拉普拉斯变换同样具有相似的性质,在这一节,我们将研究拉普拉斯变换的性质。

一、线性

若

$$x_1(t) \overset{L}{\longleftrightarrow} F_1(s), \mathrm{Re}(s) > \sigma_1$$

$$x_2(t) \overset{L}{\longleftrightarrow} F_2(s), \mathrm{Re}(s) > \sigma_2$$

则
$$a_1x_1(t) + a_2x_2(t) \overset{L}{\longleftrightarrow} a_1F_1(s) + a_2F_2(s), \mathrm{Re}(s) > \max(\sigma_1, \sigma_2)$$
其中 a_1 和 a_2 为复常数。

二、时移性质

对于双边拉普拉斯变换来说,有

$$x(t) \overset{L}{\longleftrightarrow} F(s), \mathrm{Re}(s) > \sigma_0$$

则有

$$x(t-t_0) \overset{L}{\longleftrightarrow} \mathrm{e}^{-st_0}F(s), \mathrm{Re}(s) > \sigma_0$$

相比较于傅里叶变换的时移性质,两者是十分相似的,从数学表达式看拉普拉斯变换 $F(s)$ 仅仅是将傅里叶变换 $X(\mathrm{j}\Omega)$ 中的 $\mathrm{j}\Omega$ 替换成了复频率 s。然而,对于单边拉普拉斯变换而言,由于考察范围仅限于 $t>0$ 的区域,那么这个时移公式就需要做一些特殊的考虑。

如图 4-4 所示,尽管信号 $x_1(t)$ 与 $x_2(t)$ 不同,但当我们对其做单边拉普拉斯变换时,却会得到相同的 $F(s)$ 表达式,因为在 $t>0$ 的区域两者是完全相同的。若两个信号都向右平移一个单位,此时考察 $t>0$ 的区域,两者显然是不同的,$x_1(t-1)$ 的拉普拉斯变换为 $\mathrm{e}^{-s}F(s)$,但 $x_2(t-1)$ 则无法简单地由 $F(s)$ 得到。因此,单边拉普拉斯变换的公式为

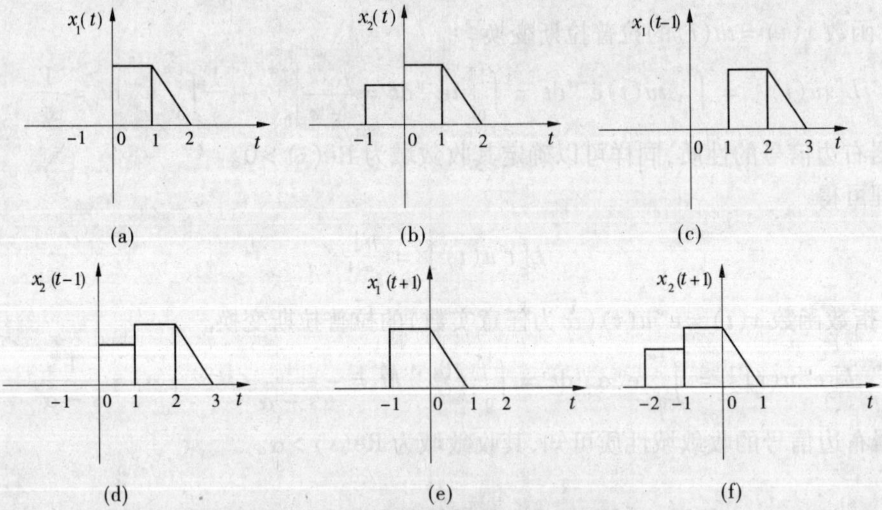

图 4-4　单边拉普拉斯变换的时移性质

若

$$x(t)u(t) \overset{L}{\longleftrightarrow} F(s), \mathrm{Re}(s) > \sigma_0$$

则有

$$x(t-t_0)u(t-t_0) \overset{L}{\longleftrightarrow} \mathrm{e}^{-st_0}F(s), \mathrm{Re}(s) > \sigma_0$$

即要乘以一个 $u(t-t_0)$ 项,将 $x(t-t_0)$ 信号 t_0 以左的部分抹去。

同样需要注意的是,此处 t_0 的取值一般为正数,即信号是向右平移的。如果信号向左平移一个单位,由于单边拉普拉斯变换只对 $t>0$ 的部分积分,则平移到负半平面的部分信

号在变换中就丢失了,因此当信号向左平移时,其拉普拉斯变换一般也无法由原信号的 $F(s)$ 简单地得到,不适用时移性质。

三、复频移性质

若

$$x(t)\xleftrightarrow{L}F(s),\mathrm{Re}(s)>\sigma_0$$

则有

$$x(t)\mathrm{e}^{s_a t}\xleftrightarrow{L}F(s-s_a)\quad \mathrm{Re}(s)>\sigma_0+\sigma_a\quad (s_a=\sigma_a+\mathrm{j}\Omega_a)$$

四、尺度变换性质

若

$$x(t)\xleftrightarrow{L}F(s),\mathrm{Re}(s)>\sigma_0$$

则有

$$x(at)\xleftrightarrow{L}\frac{1}{a}F\left(\frac{s}{a}\right),\mathrm{Re}(s)>a\sigma_0\quad (a>0)$$

【例 4-5】 求 $x(t)=u(2t-2)$ 的拉普拉斯变换。

解 可以认为原信号是由 $u(t)$ 经过尺度变换之后再平移得到的,已知 $L[u(t)]=\frac{1}{s}$,根据尺度变换的性质,有 $L[u(2t)]=\frac{1}{2}\times\frac{1}{\frac{s}{2}}=\frac{1}{s}$,这是个有趣的结果,即阶跃信号在时间尺度上压缩到原来的 1/2,和原信号是完全相同的。再将 $u(2t)$ 向右平移一个单位得到 $u(2(t-1))$,根据时移性质有 $L[u(2(t-1))]=\frac{\mathrm{e}^{-s}}{s}$。

五、时域微分性质

若

$$x(t)\xleftrightarrow{L}F(s),\mathrm{Re}(s)>\sigma_0$$

则有

$$\frac{\mathrm{d}x(t)}{\mathrm{d}t}\xleftrightarrow{L}sF(s)-x(0),\mathrm{Re}(s)>\sigma_0$$

其中 $x(0)$ 为信号 $x(t)$ 在 0 时刻的值。

对信号进行一阶微分的定理可推广到高阶微分,因此时域微分性质的二阶形式为

$$\frac{\mathrm{d}^2x(t)}{\mathrm{d}t^2}\xleftrightarrow{L}s^2F(s)-sx(0)-x'(0)$$

同样也可以推广到任意阶微分的情况:

$$\frac{\mathrm{d}^nx(t)}{\mathrm{d}t^n}\xleftrightarrow{L}s^nF(s)-\sum_{r=0}^{n-1}s^{n-1-r}x^{r}(0)\tag{4-16}$$

如果 $x(t)$ 为因果信号,则微分性质的公式也可以简单地写为

$$\frac{\mathrm{d}^nx(t)}{\mathrm{d}t^n}\xleftrightarrow{L}s^nF(s)$$

六、时域积分性质

若

$$x(t) \overset{L}{\longleftrightarrow} F(s), \mathrm{Re}(s) > \sigma_0$$

则有

$$x^{-n}(t) \overset{L}{\longleftrightarrow} \frac{1}{s^n}F(s) + \sum_{r=1}^{n} \frac{1}{s^{n-r+1}} x^{(-r)}(0_-)$$

可以看出积分后的拉普拉斯变换表达式中出现了极点 $s=0$，因此收敛域必须在右半平面，故收敛域为 $\mathrm{Re}(s) > \max(\sigma_0, 0)$。

七、复频域微分性质

若

$$x(t) \overset{L}{\longleftrightarrow} F(s), \mathrm{Re}(s) > \sigma_0$$

则有

$$(-t)^n x(t) \overset{L}{\longleftrightarrow} \frac{\mathrm{d}^n F(s)}{\mathrm{d}s^n}, \mathrm{Re}(s) > \sigma_0$$

八、卷积性质

若 $x_1(t)$ 和 $x_2(t)$ 为因果信号，并且有

$$x_1(t) \overset{L}{\longleftrightarrow} F_1(s), \mathrm{Re}(s) > \sigma_1$$

$$x_2(t) \overset{L}{\longleftrightarrow} F_2(s), \mathrm{Re}(s) > \sigma_2$$

则有

$$x_1(t) * x_2(t) \overset{L}{\longleftrightarrow} F_1(s)F_2(s), \mathrm{Re}(s) > \max(\sigma_1, \sigma_2)$$

其收敛域为 $x_1(t)$ 和 $x_2(t)$ 拉普拉斯变换收敛域的重叠部分。

九、初值定理

若信号 $x(t)$ 及其导数 $\frac{\mathrm{d}x(t)}{\mathrm{d}t}$ 可以进行拉普拉斯变换，并且有

$$x(t) \overset{L}{\longleftrightarrow} F(s), \mathrm{Re}(s) > \sigma_0$$

则信号 $x(t)$ 的初值为

$$x(0_+) = \lim_{t \to 0_+} x(t) = \lim_{s \to \infty} sF(s)$$

十、终值定理

若信号 $x(t)$ 及其导数 $\frac{\mathrm{d}x(t)}{\mathrm{d}t}$ 可以进行拉普拉斯变换，并且 $\lim_{t \to \infty} x(t)$ 存在，则

$$x(\infty) = \lim_{t \to \infty} x(t) = \lim_{s \to 0} sF(s)$$

初值定理和终值定理给了我们直接从 $F(s)$ 表达式计算信号的初值和终值的方法，而无须将 $F(s)$ 先通过拉普拉斯逆变换还原成时间信号。

第四节　拉普拉斯变换的逆变换

已知 $x(t)$ 的拉普拉斯变换，求 $x(t)$ 的过程称为拉普拉斯逆变换，即

$$x(t) = \frac{1}{2\pi j}\int_{\sigma-\infty}^{\sigma+\infty} F(s)e^{st}ds$$

在这个积分中，我们可以认为 σ 是一个常数，ω 从 $-\infty$ 到 $+\infty$ 变化，在这样一条轨迹上对 $F(s)e^{st}$ 进行积分，这样的积分轨迹是一条平行于虚轴的直线，在 ROC 内可以选取任意一条这样的直线，也就是说，在 ROC 内可以选取任意的 σ 值。但是这个积分式的运算要求利用复平面的围线积分，运算复杂，对于一般的有理变换，我们有更简单的运算方法。

设 $F(s)$ 是有理真分式，其形式为

$$F(s) = \frac{B(s)}{A(s)} = \frac{b_m s^m + b_{m-1}s^{m-1} + b_{m-2}s^{m-2} + \cdots + b_1 s + b_0}{a_n s^n + a_{n-1}s^{n-1} + a_{n-2}s^{n-2} + \cdots + a_1 s + a_0} \quad (n > m) \tag{4-17}$$

式中 $a_0, a_1, \cdots, a_{n-1}, a_n$ 及 $b_0, b_1, \cdots, b_{m-1}, b_m$ 都是实常数，根据代数知识我们知道，$F(s)$ 可以展开为 n 个一阶分式相加的形式，这里我们依旧分为三种情况讨论。

一、$A(s)=0$ 无重根

$A(s)$ 是一个 n 次多项式，$A(s)=0$ 无重根，就意味着 $F(s)$ 的分母多项式可以写成 n 个一次多项式连乘的形式，即 $A(s)=(s-s_1)(s-s_2)\cdots(s-s_{n-1})(s-s_n)$，其中 $s_1, s_2, \cdots, s_{n-1}, s_n$ 为 $A(s)=0$ 的 n 个单根，$F(s)$ 可以写成如下形式：

$$F(s) = \frac{K_1}{s-s_1} + \frac{K_2}{s-s_2} + \cdots + \frac{K_{n-1}}{s-s_{n-1}} + \frac{K_n}{s-s_n} = \sum_{i=1}^{n}\frac{K_i}{s-s_i}$$

对于其中每一个一阶分式，分子都是一个实系数，计算方法如下：

$$K_i = F(s)(s-s_i)\big|_{s=s_i} \tag{4-18}$$

根据本章第二节中的内容我们得知，指数函数 $x(t)=e^{\alpha t}u(t)$（α 为任意实数）的拉普拉斯变换就是一阶分式，因此我们可以根据这个结论，对每一个一阶分式进行拉普拉斯逆变换，最后再叠加起来，就得到原信号的时域函数。

二、$A(s)=0$ 有重根

设 $A(s)=0$ 有 r 重根 s_1，$F(s)$ 可以写成如下形式：

$$\begin{aligned} F(s) &= \frac{B(s)}{(s-s_1)^r(s-s_{r+1})\cdots(s-s_n)} \\ &= \frac{K_r}{(s-s_1)^r} + \frac{K_{r-1}}{(s-s_1)^{r-1}} + \cdots + \frac{K_1}{(s-s_1)} + \frac{K_{r+1}}{(s-s_{r+1})} + \cdots + \frac{K_n}{(s-s_n)} \end{aligned}$$

其中，s_1 为 $F(s)$ 的 r 重根；$s_{r+1}, \cdots, s_n$ 为 $F(s)$ 的 $n-r$ 个单根。系数 $K_{r+1}, \cdots, K_n$ 的算法仍然用式(4-18)的方法计算，而 $K_1, K_2, \cdots, K_r$ 则按照如下规则进行计算：

$$K_r = \lim_{s\to s_1}(s-s_1)^r F(s)$$

$$K_{r-1} = \lim_{s\to s_1}\frac{d}{ds}[(s-s_1)^r F(s)]$$

$$K_{r-i} = \frac{1}{i!}\lim_{s\to s_1}\frac{\mathrm{d}^{(i)}}{\mathrm{d}s^{(i)}}[(s-s_1)^r F(s)]$$

$$K_1 = \frac{1}{(r-1)!}\lim_{s\to s_1}\frac{\mathrm{d}^{(r-1)}}{\mathrm{d}s^{(r-1)}}[(s-s_1)^r F(s)]$$

三、$A(s)=0$ 有共轭复根

设 $A(s)=0$ 有一对共轭复根，即 $-\alpha\pm \mathrm{j}\beta$，则 $F(s)$ 可以写成如下形式：

$$F(s) = \frac{B(s)}{D(s)(s+\alpha-\mathrm{j}\beta)(s+\alpha+\mathrm{j}\beta)}$$

其中，$D(s)$ 为分母多项式中的其余部分，对于这种形式的分式，我们进行部分分式展开的方法和处理单根的方法类似，即可以把 $F(s)$ 展开为

$$F(s) = \frac{K_1}{s+\alpha-\mathrm{j}\beta} + \frac{K_2}{s+\alpha+\mathrm{j}\beta} + \cdots$$

对于 K_1 和 K_2 的计算方法与式(4-18)一致，可以证明 K_1 和 K_2 是一对共轭复数，即 $K_1=K_2^*$，因此我们只需计算其中的一个即可。

表 4-1 给出了常用的拉普拉斯逆变换。

表 4-1　常用的拉普拉斯逆变换

序号	$x(t)\ (t>0)$	$F(s)=L[x(t)]$
1	$\delta(t)$	1
2	$u(t)$	$\frac{1}{s}$
3	e^{-at}	$\frac{1}{s+a}$
4	t^n	$\frac{n!}{s^{n+1}}$
5	$\sin(\omega t)$	$\frac{\omega}{s^2+\omega^2}$
6	$\cos(\omega t)$	$\frac{s}{s^2+\omega^2}$
7	$\mathrm{e}^{-at}\sin(\omega t)$	$\frac{\omega}{(s+a)^2+\omega^2}$
8	$\mathrm{e}^{-at}\cos(\omega t)$	$\frac{s}{(s+a)^2+\omega^2}$
9	$t\mathrm{e}^{-at}$	$\frac{1}{(s+a)^2}$
10	$t^n\mathrm{e}^{-at}$	$\frac{n!}{(s+a)^{n+1}}$

【例 4-6】　已知信号 $x(t)$ 的拉普拉斯变换为 $F(s)=\frac{s+1}{(s+2)(s+3)}$，求其在 $t=0^+$ 时刻与 $t\to\infty$ 时刻 $x(t)$ 的值。

解　对于已知的拉普拉斯变换式 $F(s)$，可以通过部分分式展开法得到 $F(s)=$

$\frac{s+1}{(s+2)(s+3)}=\frac{-1}{s+2}+\frac{2}{s+3}$,对两个一阶分式分别进行拉普拉斯逆变换再叠加,可得 $x(t)=-\mathrm{e}^{-2t}u(t)+2\mathrm{e}^{-3t}u(t)$,当 $t=0^+$ 时,显然 $x(t)=-1+2=1$,当 $t\to\infty$,有 $x(t)=0+0=0$。

或者根据初值定理和终值定理,无须对 $F(s)$ 做拉普拉斯逆变换,直接求出其对应时域信号的初值和终值:

$$x(0_+)=\lim_{t\to 0_+}x(t)=\lim_{t\to\infty}sF(s)=\lim_{s\to\infty}\frac{s(s+1)}{(s+2)(s+3)}=1 \quad \text{(根据洛必达法则进行运算)}$$

$$x(\infty)=\lim_{t\to\infty}x(t)=\lim_{s\to 0}sF(s)=\lim_{s\to 0}\frac{s(s+1)}{(s+2)(s+3)}=0$$

对于 $F(s)$ 不是真分式的情况,即式(4-17)中 $m>n$,可以通过长除法或者对分子多项式进行变形,将分子中高次项提出,余下的部分满足 $m<n$,仍按上述方法对其进行部分分式展开。

【例 4-7】 求 $F(s)=\frac{s^2+2}{s^2+1}$ 的拉普拉斯逆变换。

解 $F(s)=\frac{s^2+2}{s^2+1}=\frac{s^2+1+1}{s^2+1}=1+\frac{1}{s^2+1}$

通过查表 4-1 可知,其拉普拉斯逆变换为 $\delta(t)+\sin(t)$。或者也可以通过 MATLAB 软件提供的 ilaplace 命令来完成拉普拉斯逆变换,输入

```
syms s
ilaplace((s^2 +2)/(s^2 +1))
```

则可得到运行结果 dirac(t) + sin(t),其中 dirac(t) 即为单位冲激函数。

第五节 系统的 s 域分析

在连续信号的时域分析中,我们将系统方程写成算子的形式进行求解,对系统进行分析,而在一般的电路分析中,则更多地采用系统的复频域分析法进行求解。复频域分析法与算子法解微分方程尽管在物理意义上截然不同,但在运算上却有着很大的相似。一般来说,线性连续系统的复频域分析法就是不直接求解系统的时域微分方程,而是先对方程做拉普拉斯变换,将其转化为复频域的多项式方程,进而求解出系统的频域输出,然后对频域输出的表达式做拉普拉斯逆变换,得到系统的时域输出。由于将时域求解微分运算的过程转化为了频域求解多项式运算,因此简化了解方程的过程。

对于一般的线性时不变系统,通常可以用下列常系数线性微分方程来描述:

$$a_n\frac{\mathrm{d}^n}{\mathrm{d}t^n}y(t)+a_{n-1}\frac{\mathrm{d}^{n-1}}{\mathrm{d}t^{n-1}}y(t)+a_{n-2}\frac{\mathrm{d}^{n-2}}{\mathrm{d}t^{n-2}}y(t)+\cdots+a_1\frac{\mathrm{d}}{\mathrm{d}t}y(t)+a_0y(t)$$
$$=b_m\frac{\mathrm{d}^m}{\mathrm{d}t^m}x(t)+b_{m-1}\frac{\mathrm{d}^{m-1}}{\mathrm{d}t^{m-1}}x(t)+b_{m-2}\frac{\mathrm{d}^{m-2}}{\mathrm{d}t^{m-2}}x(t)+\cdots+b_1\frac{\mathrm{d}}{\mathrm{d}t}x(t)+b_0x(t)$$

为了求得该系统的零状态响应,对上式两边求拉普拉斯变换,因为初始状态为零,所以

$$a_ns^nY(s)+a_{n-1}s^{n-1}Y(s)+a_{n-2}s^{n-2}Y(s)+\cdots+a_1sY(s)+a_0Y(s)$$
$$=b_ms^mF(s)+b_{m-1}s^{m-1}F(s)+b_{m-2}s^{m-2}F(s)+\cdots+b_1sF(s)+b_0F(s)$$

进而有

$$(a_n s^n + a_{n-1}s^{n-1} + a_{n-2}s^{n-2} + \cdots + a_1 s + a_0)Y(s)$$
$$= (b_m s^m + b_{m-1}s^{m-1} + b_{m-2}s^{m-2} + \cdots + b_1 s + b_0)F(s)$$

于是

$$Y(s) = \frac{(b_m s^m + b_{m-1}s^{m-1} + b_{m-2}s^{m-2} + \cdots + b_1 s + b_0)}{(a_n s^n + a_{n-1}s^{n-1} + a_{n-2}s^{n-2} + \cdots + a_1 s + a_0)}F(s) \tag{4-19}$$

因此,系统的输出信号 $y(t) = L^{-1}[Y(s)]$ 可以通过对式(4-19)右边的多项式做拉普拉斯逆变换得出。

如果需要同时计算出系统的零输入响应,则在对线性微分方程两边做拉普拉斯变换的时候,应当考虑初始状态的影响,这时需要运用式(4-16)来进行运算,我们以二阶线性微分方程为例:

$$\frac{d^2}{dt^2}y(t) + a_1 \frac{d}{dt}y(t) + a_0 y(t) = b_2 \frac{d^2}{dt^2}x(t) + b_1 \frac{d}{dt}x(t) + b_0 x(t)$$

对其两边做拉普拉斯变换,得

$$[s^2Y(s) - sy(0_-) - y'(0_-)] + a_1[sY(s) - y(0_-)] + a_0 Y(s)$$
$$= b_2 s^2 F(s) + b_1 sF(s) + b_0 F(s)$$

即

$$(s^2 + a_1 s + a_0)Y(s) = [(s + a_1)y(0_-) + y'(0_-)] + (b_2 s^2 + b_1 s + b_0)F(s)$$

令

$$A(s) = s^2 + a_1 s + a_0$$
$$B(s) = b_2 s^2 + b_1 s + b_0$$
$$M(s) = (s + a_1)y(0_-) + y'(0_-)$$
$$Y(s) = \frac{M(s)}{A(s)} + \frac{B(s)}{A(s)}F(s)$$

可以看出,$Y(s)$ 的第一项 $\frac{M(s)}{A(s)}$ 只与初始状态 $y(0_-)$ 和 $y'(0_-)$ 有关,而与系统的输入 $F(s)$ 无关,因此它实际上是系统的零输入响应 $y_x(t)$ 的拉普拉斯变换,我们只需要对其做拉普拉斯逆变换,就可以得到系统的零输入响应。$Y(s)$ 的第二项 $\frac{B(s)}{A(s)}F(s)$ 只与输入 $F(s)$ 有关,而与初始状态无关,因此它实际上是系统的零状态响应 $y_f(t)$ 的拉普拉斯变换,我们只需要对其做拉普拉斯逆变换,就可以得到系统的零状态响应。

【例 4-8】 线性时不变系统的微分方程为

$$\frac{d^2}{dt^2}y(t) + 4\frac{d}{dt}y(t) + 3y(t) = x(t)$$

初始状态为 $y(0_-) = 1, y'(0_-) = -1$,求输入 $x(t) = e^{-3t}u(t)$ 时系统的全响应 $y(t)$。

解 对微分方程两边做拉普拉斯变换,由于需要考虑零时刻的状态,因此有

$$[s^2Y(s) - sy(0_-) - y'(0_-)] + 4[sY(s) - y(0_-)] + 3Y(s) = \frac{1}{s+3}$$

$$Y(s) = \frac{\frac{1}{s+3} + sy(0_-) + 4y(0_-) + y'(0_-)}{s^2 + 4s + 3}$$

则零输入响应的拉普拉斯变换为

$$Y(s)=\frac{sy(0_-)+4y(0_-)+y'(0_-)}{s^2+4s+3}=\frac{s+3}{(s+1)(s+3)}=\frac{1}{s+1}$$

对其做拉普拉斯逆变换可得零输入响应解为

$$y_x(t)=\mathrm{e}^{-t}u(t)$$

零状态响应的拉普拉斯变换为

$$Y(s)=\frac{\frac{1}{s+3}}{s^2+4s+3}=\frac{1}{(s+1)(s+3)^2}=\frac{\frac{1}{4}}{s+1}+\frac{-\frac{1}{4}}{s+3}+\frac{-\frac{1}{2}}{(s+3)^2}$$

零状态响应解为

$$y_f(t)=(\frac{1}{4}\mathrm{e}^{-t}-\frac{1}{4}\mathrm{e}^{-3t}-\frac{1}{2}t\mathrm{e}^{-3t})u(t)$$

因此,系统的全响应为

$$y(t)=y_x(t)+y_f(t)=(\frac{5}{4}\mathrm{e}^{-t}-\frac{1}{4}\mathrm{e}^{-3t}-\frac{1}{2}t\mathrm{e}^{-3t})u(t)$$

以上分析方法是对线性微分方程做拉普拉斯变换,然后在复频域进行处理,在实际的电路网络分析中,我们往往不必列出系统的微分方程,而是先对元器件和支路建立 s 域模型,再用基尔霍夫电压定律(KVL)和基尔霍夫电流定律(KCL)将其联系起来。

首先我们讨论电阻、电容、电感的 s 域模型。

(1)电阻。

电阻两端电压与流过电阻电流的关系式为

$$u(t)=Ri(t)$$

对其两端做拉普拉斯变换得

$$U(s)=RI(s)$$

图 4-5 示出了电阻元件在 s 域的电路模型。

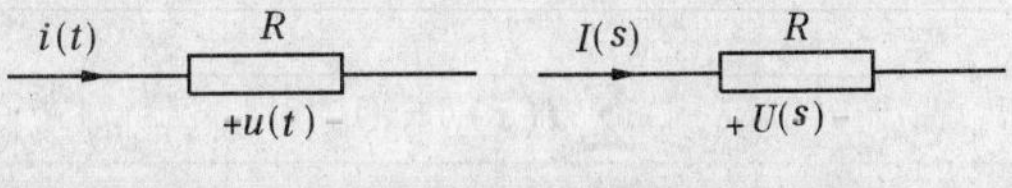

图 4-5　电阻元件在 s 域的电路模型

(2)电感。

电感两端电压与流过电感电流的关系式为

$$u(t)=L\frac{\mathrm{d}i(t)}{\mathrm{d}t}$$

对其两端做拉普拉斯变换得

$$U(s)=sLI(s)-Li(0_-)\text{,或者也可以写成 }I(s)=\frac{1}{sL}U(s)+\frac{i(0_-)}{s}$$

图 4-6 示出了电感元件在 s 域的电路模型。

(3)电容。

电容两端电压与流过电容电流的关系式为

$$i(t)=C\frac{\mathrm{d}u(t)}{\mathrm{d}t}$$

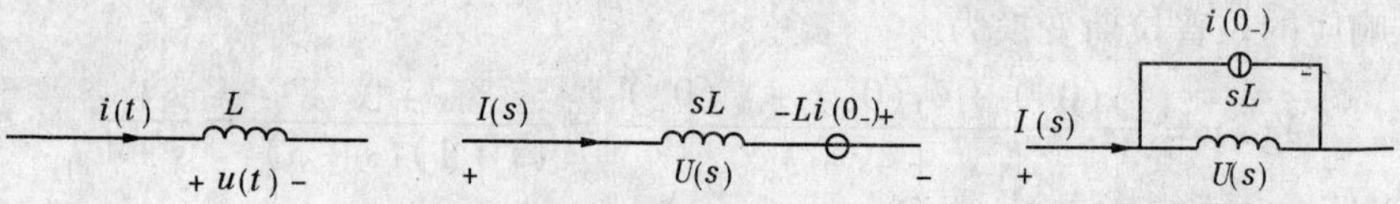

图 4-6　电感元件在 s 域的电路模型

对其两端做拉普拉斯变换得

$$I(s) = sCU(s) - Cu(0_-)\text{，也可以写成 } U(s) = \frac{1}{sC}I(s) + \frac{u(0_-)}{s}$$

图 4-7 示出了电容元件在 s 域的电路模型。

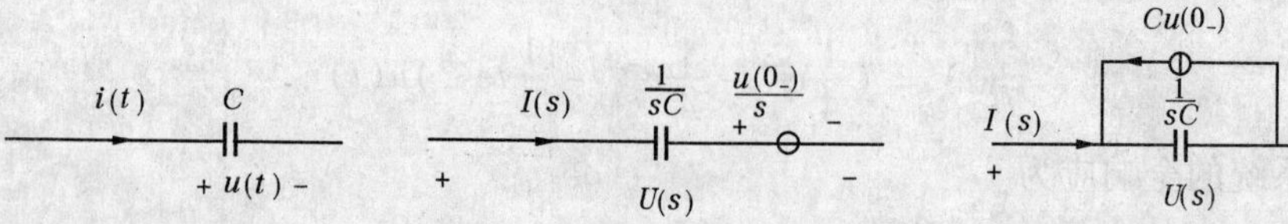

图 4-7　电容元件在 s 域的电路模型

以上是对电路中元件所做的复频域分析，在 RLC 系统分析中，我们需要根据基尔霍夫电流定律、基尔霍夫电压定律来将元件联系起来，因此我们需要进一步研究基尔霍夫电流定律、基尔霍夫电压定律的复频域形式。

基尔霍夫电流定律所表明的是：对任意节点，在同一时刻流入和流出该节点的电流的代数和恒等于零，即

$$\sum i(t) = 0$$

基尔霍夫电压定律所表明的是：沿任意闭合回路，其各段电压的代数和恒等于零，即

$$\sum u(t) = 0$$

对这两个式子进行拉普拉斯变换，就得到基尔霍夫电流定律和基尔霍夫电压定律的复频域形式，即

$$\sum I(s) = 0$$

$$\sum U(s) = 0$$

式中，$I(s)$ 和 $U(s)$ 分别为其对应电流和电压的像函数。

【例 4-9】　图 4-8 所示为一阶低通滤波器电路，$t<0$ 时开关断开，求 $t=0$ 时刻开关闭合后的输出电压。

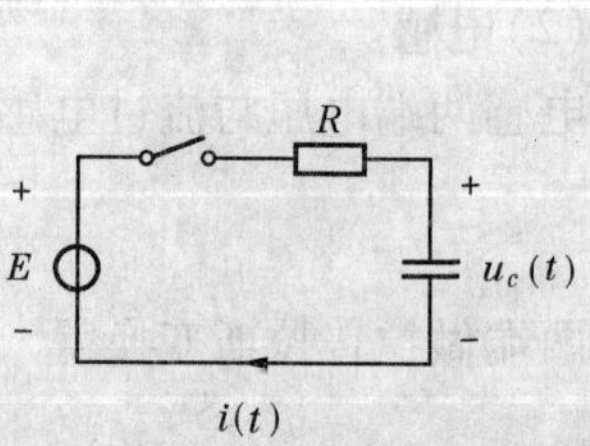

图 4-8　一阶低通滤波器电路

解　根据基尔霍夫电压定律，有

$$\frac{E}{s} = I(s)R + U_c(s)$$

其中　　$I(s) = sCU_c(s) - Cu_c(0_-)$

则有

$$\frac{E}{s} = (sCU_c(s) - Cu_c(0_-))R + U_c(s)$$

$$U_c(s) = \frac{\frac{E}{s}}{RCs + 1} + \frac{RCu_c(0_-)}{RCs + 1}$$

对等式两边做拉普拉斯逆变换，得到

$$u_c(t) = E(1 - e^{-\frac{1}{RC}t}) + u_c(0_-)e^{-\frac{1}{RC}t}$$

等号右边第一项为系统的零状态响应，第二项为系统的零输入响应。

第六节　连续时间系统的系统函数

一、系统函数的定义

对于一般的线性时不变系统，可用下列常系数线性微分方程来描述：

$$\sum_{k=0}^{n} a_k \frac{d^k}{dt^k} y(t) = \sum_{k=0}^{m} b_k \frac{d^k}{dt^k} x(t)$$

其中常系数 a_k 和 b_k 只与系统本身的特性有关，而与输入信号无关。如果系统的初始状态为零，则对方程两边做拉普拉斯变换，得到非常简单的形式：

$$\sum_{k=0}^{n} a_k s^k Y(s) = \sum_{k=0}^{m} b_k s^k F(s)$$

进而有

$$H(s) = \frac{Y(s)}{F(s)} = \frac{\sum_{k=0}^{m} b_k s^k}{\sum_{k=0}^{n} a_k s^k} = \frac{N(s)}{D(s)} \tag{4-20}$$

将 $H(s)$ 定义为系统的系统函数，是系统的零状态响应和输入信号的拉普拉斯变换之比，可以看出，$H(s)$ 由常系数 a_k 和 b_k 决定。因此，系统函数只与系统本身的特性有关，而与输入信号无关。

系统函数 $H(s)$ 并非一个全新的概念，在第二章中对系统做时域分析时，我们知道零状态响应可以表示为

$$y(t) = h(t) * x(t)$$

由卷积定理可知

$$Y(s) = H(s)F(s)$$

与式(4-20)进行对比可知，系统函数 $H(s)$ 就是系统单位冲击响应 $h(t)$ 的拉普拉斯变换。在时域我们有 $y(t) = H(p)x(t)$，可以看出，$H(p)$ 和 $H(s)$ 也有相似之处，在表达式上也表现得很相似，例如形式为 $H(p) = \frac{1}{p+1}$ 的转移算子所对应的单系统函数为 $H(s) = \frac{1}{s+1}$，但 $H(p)$ 是算子，其中 p 表示微分运算，而 $H(s)$ 的自变量 s 则是复频率，此外，在 $H(s)$ 中分子和分母的公共因子可以消去，而在 $H(p)$ 中则是不能消去的。

二、系统函数的极点分布决定时域特性

如果系统函数 $H(s)$ 是关于 s 的有理函数，则根据有理函数零点和极点的定义，可以得

知令式(4-20)中 $N(s)=0$ 的根称为系统函数的零点,令 $D(s)=0$ 的根称为系统函数的极点,其中 $D(s)$为系统函数 $N(s)$的分母多项式。系统的极点分布可以反映系统的时域特性,接下来我们研究几种不同类型的极点分布。

(一)极点位于原点

若 $H(s)=\frac{1}{s}$,则单位冲激响应 $h(t)=u(t)$。

若为二阶极点,即 $H(s)=\frac{1}{s^2}$,则单位冲激响应 $h(t)=tu(t)$。

(二)极点位于实轴上

若 $H(s)=\frac{1}{s+a}(a>0)$,则单位冲激响应 $h(t)=e^{-at}u(t)$,此时极点位于负实轴上,单位冲激响应为指数衰减形式;若 $H(s)=\frac{1}{s-a}(a>0)$,则单位冲激响应 $h(t)=e^{at}u(t)$,此时极点位于正实轴上,单位冲激响应为指数增长形式。

(三)共轭极点位于虚轴上

若 $H(s)=\frac{\Omega}{s^2+\Omega^2}$,则 $h(t)=\sin\Omega t$,其两个极点位于 $p_1=+j\Omega$ 和 $p_2=-j\Omega$,单位冲激响应为等幅振荡。

若为二阶极点,即 $H(s)=\frac{2\Omega s}{(s^2+\Omega^2)^2}$,则 $h(t)=t\sin(\Omega t)$,单位冲激响应为正比例增长的正弦振荡。

(四)极点位于左半平面

若 $H(s)=\frac{\Omega}{(s+a)^2+\Omega^2}$,则 $h(t)=e^{-at}\sin\Omega t$,单位冲激响应为指数衰减的正弦振荡。

(五)极点位于右半平面

若 $H(s)=\frac{\Omega}{(s-a)^2+\Omega^2}$,则 $h(t)=e^{at}\sin\Omega t$,单位冲激响应为指数增长的正弦振荡。

极点分布与 $h(t)$的对应关系如图 4-9 所示,可以看出,当一阶极点位于左半平面时,系统是稳定的;当一阶极点位于右半平面时,系统是不稳定的;当一阶极点位于原点或虚轴上时,系统是临界稳定的。当位于原点或虚轴的极点为二阶极点时,则系统不稳定。

如果系统有 n 个一阶极点,即 $H(s)$有如下形式的表达式:

$$H(s)=\frac{N(s)}{D(s)}=\frac{N(s)}{(s-s_1)(s-s_2)(s-s_3)\cdots(s-s_n)} \tag{4-21}$$

其中 $s_1,s_2,s_3,\cdots,s_n$ 是系统的极点,假设式(4-21)是一个真分式,则 $H(s)$可以通过部分分式展开写为

$$H(s)=\frac{K_1}{s-s_1}+\frac{K_2}{s-s_2}+\frac{K_3}{s-s_3}+\cdots+\frac{K_n}{s-s_n}$$

其所对应的单位冲激响应为

$$h(t)=K_1e^{s_1t}u(t)+K_2e^{s_2t}u(t)+K_3e^{s_3t}u(t)+\cdots+K_ne^{s_nt}u(t)$$

可以看出,当所有的极点都位于左半平面时,系统的每一项分式都对应一个稳定的系

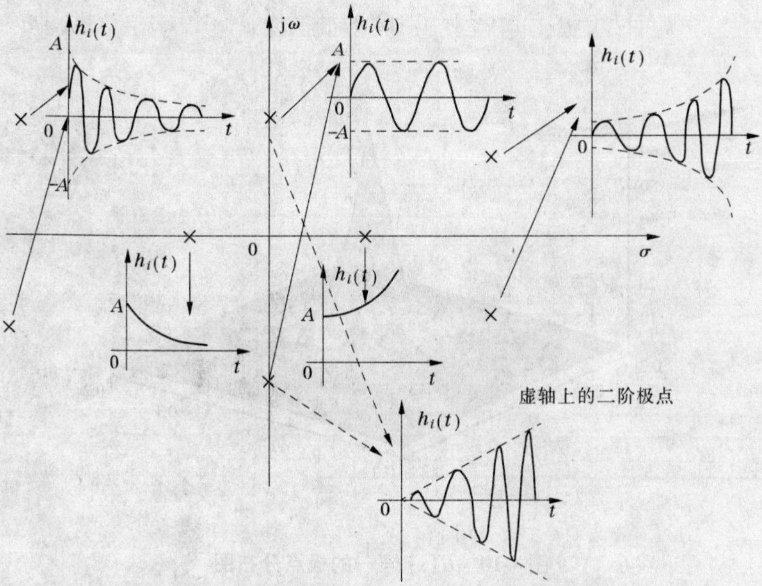

图 4-9　极点分布与 $h(t)$ 的对应关系

统，因此叠加得到的 $h(t)$ 也是稳定的；如果其中至少有一个极点 s_m 位于右半平面，则包含这个极点的分式对应于一个不稳定系统 $K_m e^{s_m t}u(t)$，当 $t \to \infty$ 时，$K_m e^{s_m t}u(t) \to \infty$，因此叠加得到的 $h(t)$ 也是不稳定的；如果其中至少有一个极点位于原点或者一对共轭极点位于虚轴上，则包含此极点的分式必将对应于一个临界稳定系统，因此叠加得到的 $H(s)$ 也是临界稳定的。

如果系统在原点或者虚轴上有二阶极点，则系统是不稳定的。

此外，也可以运用 MATLAB 软件绘制出系统的极点分布图来进行观察。以系统函数 $H(s)=\dfrac{1}{s}$ 为例，运用 MATLAB 软件绘制出其在 s 平面的幅值形貌。程序如下：

```
x1 =- 0.2:0.03:0.2;                  %确定横轴坐标范围
y1 =- 0.2:0.03:0.2;                  %确定纵轴坐标范围
[x,y] = meshgrid(x1,y1);             %生成坐标矩阵
s = x + i * y;                       %以矩阵为坐标建立起 s 平面
fs = abs(1/s);                       %算出 s 平面各点的幅值
mesh(x,y,fs);                        %绘出幅值图
surf(s,y,fs);
title('1/s 极点分布图');
colormap(hsv);
axis([- 0.2,0.2,- 0.2,0.2,0.2,70]);
rotate3d;
```

绘制出的图形如 4-10 所示，可以直观地看到在 s 平面原点有一个极点存在。

三、罗斯法则

我们通过观察极点的位置可以方便地确定系统的稳定性，然而，对于分母多项式的阶数

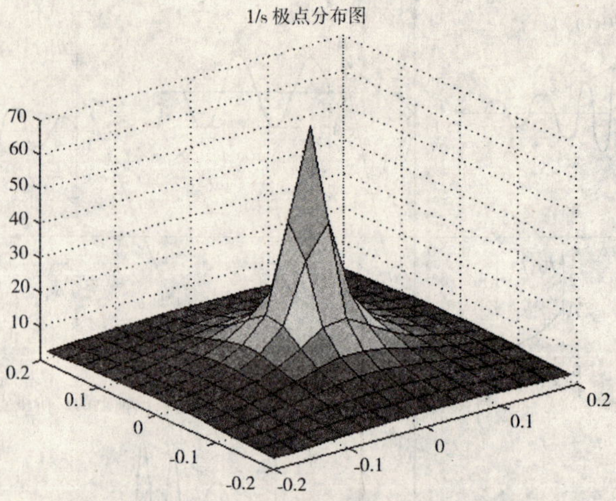

图 4-10　$H(s)=\frac{1}{s}$的极点分布图

较高的系统函数而言，通过解方程计算出每一个极点是比较费时的，在这种情况下通常采用罗斯法则来确定系统的稳定性，避免解方程的过程。

对于系统函数的分母多项式：

$$D(s) = a_n s^n + a_{n-1}s^{n-1} + \cdots + a_1 s + a_0$$

方程的根全部位于左半平面的充分必要条件如下：

(1)多项式的系数全为正，不缺项。

(2)罗斯阵列中第一列数字符号相同。

罗斯阵列为

$$\begin{array}{lllll} 1 & a_n & a_{n-2} & a_{n-4} & \cdots \\ 2 & a_{n-1} & a_{n-3} & a_{n-5} & \cdots \\ 3 & c_{n-1} & c_{n-3} & c_{n-5} & \cdots \\ 4 & d_{n-1} & d_{n-3} & d_{n-5} & \cdots \\ 5 & e_{n-1} & e_{n-3} & e_{n-5} & \cdots \\ \vdots & \vdots & \vdots & \vdots & \vdots \end{array}$$

$$c_{n-1} = \frac{-1}{a_{n-1}}\begin{vmatrix} a_n & a_{n-2} \\ a_{n-1} & a_{n-3} \end{vmatrix}$$

$$c_{n-3} = \frac{-1}{a_{n-1}}\begin{vmatrix} a_n & a_{n-4} \\ a_{n-1} & a_{n-5} \end{vmatrix}$$

$$d_{n-1} = \frac{-1}{c_{n-1}}\begin{vmatrix} a_{n-1} & a_{n-3} \\ c_{n-1} & a_{n-3} \end{vmatrix}$$

$$d_{n-3} = \frac{-1}{c_{n-1}}\begin{vmatrix} a_{n-1} & a_{n-5} \\ c_{n-1} & c_{n-5} \end{vmatrix}$$

依次类推，直至排到第 $n+1$ 行(以后各行为零)。在排列过程中，任何一行的系数可以同乘(或除)以某一正数而不会改变判别的结果。

如果罗斯阵列的第一列元素没有符号变化,则系统稳定;如果有符号的改变,则其改变符号的次数等于右半平面根的个数。若首项出现零元素,以极小值 ε 取代,继续向下运算,当出现全零行时,则系统不稳定。

【例 4-10】 用罗斯法则判断系统是否稳定。系统的分母多项式为

$$D(s) = a_2 s^2 + a_1 s + a_0$$

其中所有系数均为正数。

解 全部系数大于零,无缺项。

罗斯阵列为

$$\begin{matrix} 1 & a_2 & a_0 \\ 2 & a_1 & 0 \\ 3 & -\dfrac{1}{a_1}\begin{vmatrix} a_2 & a_0 \\ a_1 & 0 \end{vmatrix} & 0 \end{matrix}$$

其中 $-\dfrac{1}{a_1}\begin{vmatrix} a_2 & a_0 \\ a_1 & 0 \end{vmatrix} = a_0 > 0$,第一列数字符号相同,故系统稳定。

因此,对于二阶系统而言,只要满足所有系数均为正数且不缺项,则系统必然稳定。

小 结

本章主要介绍了拉普拉斯变换的定义和性质,以及拉普拉斯变换的应用。拉普拉斯变换是傅里叶变换的推广,在 LTI 系统分析中特别有用,它可以将微分方程变为代数方程,这对分析系统互联、系统结构,用系统函数表征系统,分析系统特性等具有重要意义。系统函数的零极点分布是系统的另一种表征方式,从本质上讲系统的特性完全是由系统函数的零极点分布来决定的。拉普拉斯变换的许多性质对于在变换域分析 LTI 系统具有重要作用。

习 题

4-1 确定下列时间函数的拉普拉斯变换及其收敛域:

(1) $e^{-2t}u(t) + e^{-3t}u(t)$　　(2) $e^{-4t}u(t) + e^{-3t}(\sin 3t)u(t)$

(3) $\delta(2t) + u(3t)$　　(4) $|t|e^{-2|t|}$

(5) $\sum\limits_{k=0}^{+\infty} a^k \delta(t - kT)$　　(6) $\dfrac{1}{t}(1 - e^{-3t})u(t)$

4-2 根据下列拉普拉斯变换及其收敛域,确定其对应的时间函数 $f(t)$:

(1) $\dfrac{s^2 - s + 1}{(s+1)^2}$, $\mathrm{Re}(s) > -1$　　(2) $\dfrac{s+4}{s^2 + 5s + 3}$, $\mathrm{Re}(s) < -3$

(3) $\dfrac{1}{s^2 + 9}$, $\mathrm{Re}(s) > 0$　　(4) $\dfrac{s+1}{(s+1)^2 + 9}$, $\mathrm{Re}(s) < -1$

(5) $\dfrac{s^2 - s + 1}{(s+1)^2}$, $\mathrm{Re}(s) > -1$　　(6) $\dfrac{1}{s(1 + e^{-s})}$, $\mathrm{Re}(s) > 0$

4-3 求下列函数拉普拉斯逆变换的初值与终值：

(1) $\dfrac{s+3}{(s+1)(s+5)}$　　(2) $\dfrac{(s+1)}{(s+2)^2(s+3)}$

4-4 对于一个连续时间 LTI 系统，其系统方程为

$$\frac{d^2y(t)}{dt^2}-\frac{dy(t)}{dt}-2y(t)=x(t)$$

(1) 写出系统函数 $H(s)$，并求出其零极点；

(2) 假设系统为稳定系统，求 $h(t)$。

4-5 系统的特征方程如下，求使得系统稳定的 K 的取值范围：

(1) $s^3+4s^2+4s+K=0$

(2) $s^4+9s^3+20s^2+Ks+K=0$

4-6 分析如图 4-11 所示的系统，回答如下问题：

(1) 写出系统的系统函数 $H(s)$；

(2) 求能够使得系统稳定的 K 的取值范围。

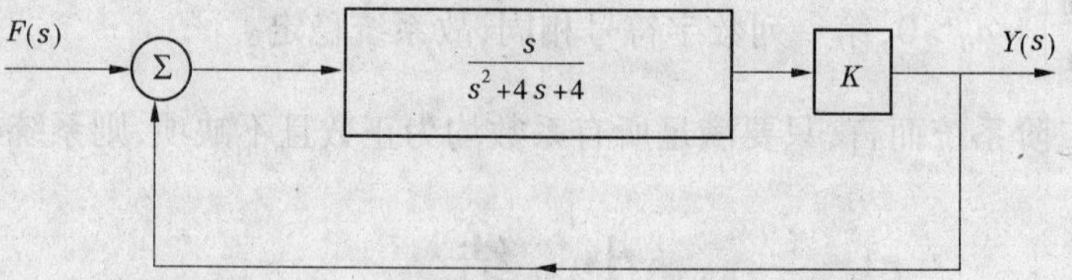

图 4-11　题 4-6 图

第五章　离散时间信号与系统的时域分析和频域分析

第一节　引　言

近年来，离散时间系统的应用范围与日俱增。与连续时间系统相比较，离散时间系统具有以下优点：容易达到高精度，可靠性好，便于实现大规模集成，从而在质量和体积方面显示出了很大的优越性。

离散时间系统的分析方法在许多方面与连续时间系统的分析方法有着并行的相似性。如前面所讲，对于连续时间系统，其数学模型是用微分方程来描述的。相应地，对于离散时间系统，其数学模型是用差分方程来表示的。差分方程与微分方程的求解方法在相当大的程度上一一对应。在连续时间系统中，卷积方法的研究与应用有着极其重要的意义。与此类似，在离散时间系统的研究中，卷积和的方法具有同样重要的地位。连续时间信号与系统可以在频域分析，同样，离散时间信号与系统也可以在频域分析，即序列的傅里叶变换。

第二节　离散时间系统的数学模型

一个离散时间系统，按其性能可以划分为线性、非线性、时不变、时变等各种类型。目前，最常用的是线性时不变系统。本章的讨论也限于此。

在连续时间系统中，信号是时间变量的连续函数，系统可用微分方程来描述。对于离散时间系统，信号的变量 n 是离散的整数值，因此系统可用差分方程表示。描述线性时不变离散时间系统的则是常系数线性差分方程。

在连续时间系统中，系统内部的数学运算关系可归结为微分、乘系数和相加。与此对应，在离散时间系统中，基本运算关系是延时、乘系数和相加，如图 5-1 所示。

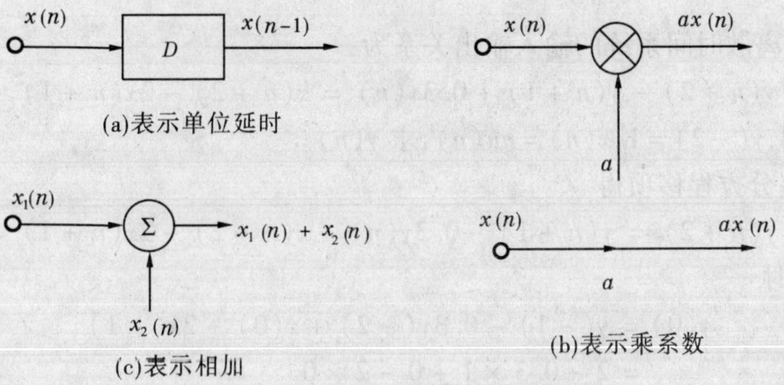

图 5-1　离散时间系统的基本运算符号

【例 5-1】　一个离散时间系统由延时、乘系数、相加等组合而成，如图 5-2 所示，试写出系统的差分方程。

解 $y(n)$经单位延时给出 $y(n-1)$。围绕相加器可以写出

$$y(n) = ay(n-1) + x(n)$$

整理后得到

$$y(n) - ay(n-1) = x(n) \qquad (5\text{-}1)$$

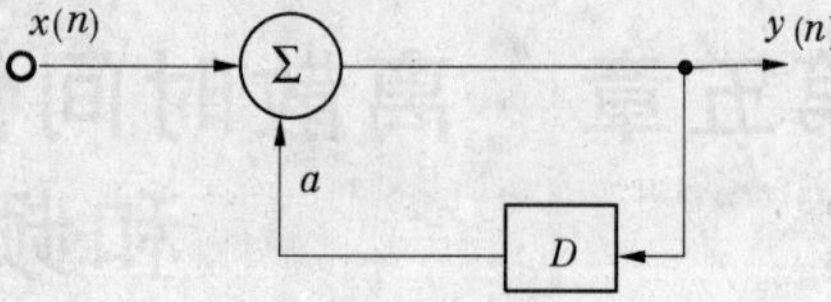

图 5-2 例 5-1 系统框图

式(5-1)就是一个常系数线性差分方程。在一般情况下,等式左边由响应序列$y(n)$及其移位 $y(n-1)$等构成,等式右边是已知的激励序列$x(n)$,有时还包括 $x(n)$的延时序列,如 $x(n-1)$等。

式(5-1)中的响应序列仅相差一个位移序列数,因此是一阶差分方程。

如果方程中还包括未知序列的移位项 $y(n-2)$,$y(n-3)$,…,$y(n-N)$,就构成 N 阶差分方程。

这里举出的差分方程,各响应序列的序列号自 n 以递减方式给出,称为后向差分方程。也可从 n 以递增的方式给出,即由 $y(n)$,$y(n+1)$,$y(n+2)$,…,$y(n+N)$项组成,称为前向差分方程。

【例 5-2】 一个离散时间系统如图 5-3 所示,写出系统的差分方程。

解 延时器的输入端为序列 $y(n+1)$。于是,围绕相加器可以写出

$$y(n+1) = ay(n) + x(n)$$

或 $$y(n) = \frac{1}{a}[y(n+1) - x(n)]$$

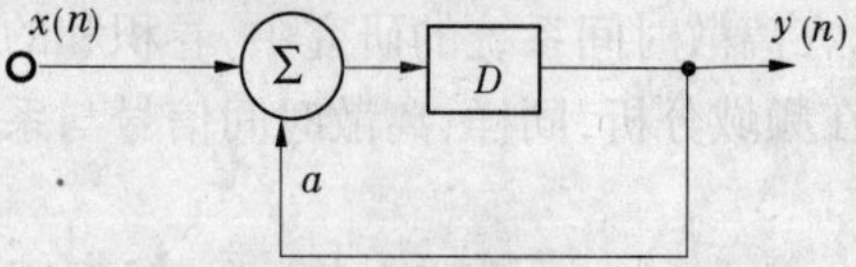

图 5-3 例 5-2 系统框图

这是一个一阶前向差分方程式。

第三节 离散时间系统的响应

一般来讲,在时域中求解常系数线性差分方程的方法有以下几种:迭代法、时域经典法和变换域法。

一、迭代法

【例 5-3】 离散时间系统的输入输出关系为

$$y(n+2) - y(n+1) + 0.3y(n) = x(n+2) - 2x(n+1)$$

已知 $y(-1)=2$,$y(-2)=1$,$x(n)=nu(n)$,求 $y(n)$。

解 将原差分方程移项得

$$y(n+2) = y(n+1) - 0.3y(n) + x(n+2) - 2x(n+1)$$

当 $n=-2$ 时

$$\begin{aligned} y(0) &= y(-1) - 0.3y(-2) + x(0) - 2x(-1) \\ &= 2 - 0.3 \times 1 + 0 - 2 \times 0 \\ &= 1.7 \end{aligned}$$

当 $n=-1$ 时

$$y(1) = y(0) - 0.3y(-1) + x(1) - 2x(0)$$
$$= 1.7 - 0.3 \times 2 + 1 - 2 \times 0$$
$$= 2.1$$

当 $n=0$ 时

$$y(2) = y(1) - 0.3y(0) + x(2) - 2x(1)$$
$$= 2.1 - 0.3 \times 1.7 + 2 - 2 \times 1$$
$$= 1.59$$

以此递推下去，求出 $y(n)$ 的值。这种方法概念清楚，比较简便，但只能得到其数值解，不能直接给出一个完整的解析式。

二、时域经典法

与微分方程相类似，对差分方程也可以先分别求出齐次解与特解，然后代入边界条件求待定系数。

（一）齐次解

对于 LTI 离散时间系统，其常系数线性差分方程可以表示为

$$y(n) + a_{k-1}y(n-1) + \cdots + a_0 y(n-k) = b_m x(n) + b_{m-1}x(n-1) + \cdots + b_0 x(n-m) \tag{5-2}$$

式中，$a_i(i=0,1,\cdots,k-1)$ 和 $b_j(j=0,1,\cdots,m)$ 为常数。

式(5-2)中 $x(n)$ 及各移位项均为零时，齐次方程

$$y(n) + a_{k-1}y(n-1) + \cdots + a_0 y(n-k) = 0 \tag{5-3}$$

的解称为齐次解 $y_h(n)$，并且

$$y_h(n) = C_1\lambda_1^n + C_2\lambda_2^n + \cdots + C_k\lambda_k^n \tag{5-4}$$

式中，$\lambda_j(j=1,2,\cdots,k)$ 为差分方程的特征根。

依据特征根取值的不同，差分方程齐次解的形式也不同，见表 5-1，其中，C_j、D_j、A_j、θ_j 均为待定系数，由初始条件决定。

表 5-1　不同特征根对应的齐次解

特征根 λ	齐次解 $y_h(n)$
单实根	$C\lambda^n$
r 重实根	$(C_{r-1}n^{r-1} + C_{r-2}n^{r-2} + \cdots + C_1 n + C_0)\lambda^n$
一对共轭复根 $\lambda_{1,2} = a \pm \mathrm{j}b = \rho \mathrm{e}^{\pm \mathrm{j}\beta}$	$\rho^n[C\cos(\beta n) + D\sin(\beta n)]$ 或 $A\rho^n\cos(\beta n - \theta)$，其中 $A\mathrm{e}^{\mathrm{j}\theta} = C + \mathrm{j}D$
r 重共轭复根	$\rho^n[A_{r-1}n^{r-1}\cos(\beta n - \theta_{r-1}) + A_{r-2}n^{r-2}\cos(\beta n - \theta_{r-2})$ $+ \cdots + A_0\cos(\beta n - \theta_0)]$

（二）特解

特解的函数形式与激励有关，见表 5-2。

表 5-2　不同激励对应的特解

激励 $x(n)$	特解 $y_p(n)$	特征根情况
n^m	$P_m n^m + P_{m-1} n^{m-1} + \cdots + P_1 n + P_0$	所有特征根均不等于 1 时
	$n^r(P_m n^m + P_{m-1} n^{m-1} + \cdots + P_1 n + P_0)$	有 r 重等于 1 的特征根时
a^n	Pa^n	a 不等于特征根时
	$(P_n n + P_0)a^n$	a 是特征根时
	$(P_r n^r + P_{r-1} n^{r-1} + \cdots + P_1 n + P_0)a^n$	a 是 r 重特征根时
$\cos(\beta n)$ 或 $\sin(\beta n)$	$P\cos(\beta n) + Q\sin(\beta n)$ 或 $A\cos(\beta n - \theta)$，其中 $Ae^{j\theta} = P + j\Omega$	所有特征根均不等于 $e^{\pm j\beta}$ 时

(三)通解

微分方程的通解是齐次解与特解之和，即

$$y(n) = y_h(n) + y_p(n)$$

【例 5-4】 系统的输入输出方程为

$$y(n) - 5y(n-1) + 6y(n-2) = x(n)$$

已知初始条件为 $y(0)=0, y(1)=-1$，输入为 $x(n)=2^n, n\geqslant 0$，求其全响应。

解　差分方程的特征方程为

$$\lambda^2 - 5\lambda + 6 = 0$$

解得特征根 $\lambda_1=2, \lambda_2=3$，故方程的齐次解为

$$y_h(n) = C_1 \times 2^n + C_2 \times 3^n$$

设差分方程的特解为

$$y_p(n) = P \times 2^n$$

将 $y_p(n), y_p(n-1), y_p(n-2)$ 代入原差分方程，得

$$P \times 2^n - 5P \times 2^{n-1} + 6P \times 2^{n-2} = 2^n$$

所以 $P=\frac{4}{5}$，故差分方程的特解为

$$y_p(n) = \frac{4}{5} \times 2^n, n \geqslant 0$$

差分方程的通解为

$$y(n) = y_h(n) + y_p(n) = C_1 \times 2^n + C_2 \times 3^n + \frac{4}{5} \times 2^n, n \geqslant 0$$

代入已知条件，得

$$y(0) = C_1 + C_2 + \frac{4}{5} = 0$$

$$y(1) = 2C_1 + 3C_2 + \frac{8}{5} = -1$$

求得 $C_1 = \frac{1}{5}, C_2 = -1$，故系统全响应为

$$y(n) = \frac{1}{5} \times 2^n - 3^n + \frac{4}{5} \times 2^n, n \geqslant 0$$

三、零输入响应和零状态响应

与微分方程相类似,差分方程的解也可以分为零输入响应和零状态响应,即

$$y(n) = y_{zi}(n) + y_{zs}(n)$$

其中,零输入响应($y_{zi}(n)$)是当输入 $x(n)$ 为零时,仅由系统的初始状态引起的响应。零状态响应($y_{zs}(n)$)是当初始状态为零时,仅由系统的外加输入 $x(n)$ 引起的响应。

【例 5-5】 系统的差分方程为

$$y(n) + 4y(n-1) + 4y(n-2) = x(n)$$

已知初始条件为 $y(-1) = -1, y(-2) = -2, x(n) = u(n)$,求系统的全响应。

解 先求零输入响应。差分方程的特征方程为

$$\lambda^2 + 4\lambda + 4 = 0$$

求得特征根 $\lambda_1 = \lambda_2 = -2$,故差分方程的零输入响应为

$$y_{zi}(n) = C_1 n \times 2^n + C_2 \times 2^n$$

代入初始条件为

$$y(-1) = -C_1 \times 2^{-1} + C_2 \times 2^{-1} = -1$$

$$y(-2) = -2C_1 \times 2^{-2} + C_2 \times 2^{-2} = -2$$

解得 $C_1 = 6, C_2 = 4$。所以

$$y_{zi}(n) = 6n \times 2^n + 4 \times 2^n$$

再求零状态响应。差分方程的零状态响应为

$$y_{zs}(n) = C_3 n \times 2^n + C_4 \times 2^n + D$$

为求出 D,将 D 代入差分方程,即

$$D + 4D = 1$$

$$D = \frac{1}{5}$$

令 $y(-1) = 0, y(-2) = 0$,得

$$y_{zs}(-1) = -C_3 \times 2^{-1} + C_4 \times 2^{-1} + \frac{1}{5} = 0$$

$$y_{zs}(-2) = -2C_3 \times 2^{-2} + C_4 \times 2^{-2} + \frac{1}{5} = 0$$

解得 $C_3 = \frac{2}{5}, C_4 = 0$,故差分方程的零状态响应为

$$y_{zs}(n) = \frac{2}{5} n \times 2^n + \frac{1}{5}$$

因此,系统的全响应为

$$y(n) = y_{zi}(n) + y_{zs}(n) = 6n \times 2^n + 4 \times 2^n + \frac{2}{5} n \times 2^n + \frac{1}{5}$$

需要注意的是,对于 N 阶系统,若激励信号在 $n = n_0$ 时刻接入系统,零状态指 $y(n_0 - 1)$,$y(n_0 - 2), \cdots, y(n_0 - N)$ 等于零。

第四节　离散时间系统的单位脉冲响应

一、单位脉冲响应

类似于在连续线性系统中的单位冲激信号 $\delta(t)$ 作用于系统而引起的单位冲激响应 $h(t)$，在离散时间系统内，单位脉冲序列 $\delta(n)$ 作用于系统产生的零状态响应 $h(n)$ 称为单位脉冲响应，出称单位冲激响应。

【例 5-6】　系统差分方程为

$$y(n) - 3y(n-1) + 3y(n-2) - y(n-3) = x(n)$$

求系统的单位脉冲响应。

解　(1)差分方程的特征方程为

$$\lambda^3 - 3\lambda^2 + 3\lambda - 1 = 0$$

解得 $\lambda_1 = \lambda_2 = \lambda_3 = 1$，故差分方程的齐次解为

$$C_1 n^2 + C_2 n + C_3$$

(2)因为系统是静止的，易推知 $h(-2) = h(-1) = 0, h(0) = \delta(0) = 1$。以 $h(0) = 1$，$h(-1) = 0, h(-2) = 0$ 作为初始条件建立方程组，求系数 C。

$$\begin{cases} C_3 = 1 \\ C_1 - C_2 + C_3 = 0 \\ 4C_1 - 2C_2 + C_3 = 0 \end{cases}$$

解得 $C_1 = \frac{1}{2}, C_2 = \frac{3}{2}, C_3 = 1$。

(3)系统的单位脉冲响应为

$$h(n) = \begin{cases} \frac{1}{2}(n^2 + 3n + 2) & n \geq 0 \\ 0 & n < 0 \end{cases}$$

在这里将单位脉冲的激励作用等效为一个起始条件 $h(0) = 1$，因而把求单位脉冲响应的问题转化为求系统的零输入响应。此外，还可以利用递推的方法求得 $h(n)$，此处不再介绍。

二、卷积和

(一)卷积和的定义

两个离散时间信号 $x_1(n)$ 和 $x_2(n)$ 的卷积和运算定义为

$$x_1(n) * x_2(n) = \sum_{k=-\infty}^{+\infty} x_1(k) x_2(n-k) \tag{5-5}$$

由于积分运算实际上也是一种求和运算，卷积和运算与卷积运算并没有实质上的差别，因此卷积和运算也用符号“ * ”表示。

如果 $x_1(n)$ 为因果序列，由于 $n<0$ 时，$x_1(n) = 0$，那么式(5-5)中的求和下限可改写为零，即

$$x_1(n) * x_2(n) = \sum_{k=0}^{+\infty} x_1(k) x_2(n-k)$$

如果 $x_2(n)$ 为因果序列，而 $x_1(n)$ 不受限制，那么在式(5-5)中，当 $(n-k)<0$，即 $k>n$ 时，$x_2(n-k)=0$，因而求和上限可改写为 n，即

$$x_1(n) * x_2(n) = \sum_{k=-\infty}^{n} x_1(k) x_2(n-k) \tag{5-6}$$

如果 $x_1(n)$ 和 $x_2(n)$ 均为因果序列，则有

$$x_1(n) * x_2(n) = \sum_{k=0}^{n} x_1(k) x_2(n-k)$$

(二)卷积和的性质

性质1 与连续信号的卷积积分相同，卷积和也满足交换律、结合律和分配律等基本运算规律，即

$$y(n) = x(n) * h(n) = h(n) * x(n) \tag{5-7}$$

$$x(n) * h_1(n) * h_2(n) = [x(n) * h_1(n)] * h_2(n) = x(n) * [h_1(n) * h_2(n)] \tag{5-8}$$

$$x_1(n) * [x_2(n) + x_3(n)] = x_1(n) * x_2(n) + x_1(n) * x_3(n) \tag{5-9}$$

式(5-7)说明把单位脉冲响应 $h(n)$ 作为输入，而把输入 $x(n)$ 作为系统的单位脉冲响应，输出 $y(n)$ 不变。式(5-8)说明两个 LTI 系统级联后形成一个新的 LTI 系统，其单位脉冲响应为两个系统单位脉冲响应的卷积和，且 LTI 系统的单位脉冲响应与它们的级联次序无关。式(5-9)说明一个并联型的 LTI 系统的单位脉冲响应等效于两个子系统的单位脉冲响应的和。

性质2 任意序列 $x(n)$ 与单位脉冲序列 $\delta(n)$ 的卷积和等于序列 $x(n)$ 本身，即

$$x(n) * \delta(n) = \delta(n) * x(n) = x(n) \tag{5-10}$$

性质3 若 $x_1(n) * x_2(n) = y(n)$，则

$$x_1(n) * x_2(n-k) = x_1(n-k) * x_2(n) = y(n-k) \tag{5-11}$$

$$x_1(n-k_1) * x_2(n-k_2) = x_1(n-k_2) * x_2(n-k_1) = y(n-k_1-k_2) \tag{5-12}$$

式中，k_1 和 k_2 均为整数。

【例5-7】 已知序列 $x_1(n)=2^{-(n+1)}u(n+1)$ 和 $x_2(n)=u(n-2)$，求 $x_1(n) * x_2(n)$。

解 应用卷积和定义，先计算

$$x(n) = 2^{-n}u(n) * u(n) = \sum_{k=-\infty}^{+\infty} 2^{-k}u(k)u(n-k) = \sum_{k=0}^{n} 2^{-k} = \frac{1-2^{-n}\times 2^{-1}}{1-2^{-1}} = 2-2^{-n}$$

其中 $n \geqslant 0$，故有

$$x(n) = 2^{-n}u(n) * u(n) = (2-2^{-n})u(n)$$

应用卷积性质3，求得

$$\begin{aligned} x_1(n) * x_2(n) &= 2^{-(n+1)}u(n+1) * u(n-2) = x(n+1-2) \\ &= x(n-1) = [2-2^{-(n-1)}]u(n-1) = 2(1-2^{-n})u(n-1) \end{aligned}$$

(三)卷积和的运算

卷积和的运算有多种方法，常用的有图解法、竖式法、列表法和查表法等。图解法可明确地表示卷积和的运算过程，还可确定求和上、下限，对理解卷积和运算有很大的帮助。

1. 图解法

图解法的过程与连续时间系统中求卷积积分的过程类似,大致由变量替换、反转、平移、求和四个步骤组成。

【例 5-8】 离散时间信号 $x_1(n)$ 和 $x_2(n)$ 的图形如图 5-4 所示,求 $y(n)=x_1(n)*x_2(n)$。

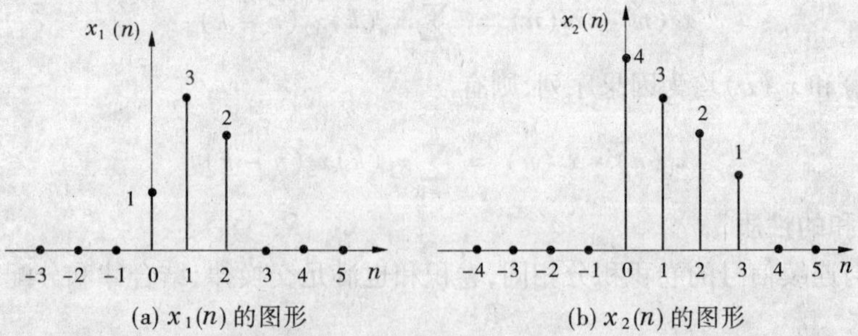

图 5-4 离散时间信号 $x_1(n)$ 和 $x_2(n)$ 的图形

解 图解法求解步骤如下:

(1)画出 $x_1(k)$ 和 $x_2(k)$ 的图形,如图 5-5(a)、(b)所示。

(2)将 $x_2(k)$ 的图形反转,得到 $x_2(-k)$ 的图形,如图 5-5(c)所示。

(3)将 $x_2(-k)$ 的图形沿 k 轴平移,得到 $x_2(n-k)$ 的图形,如图 5-5(d)、(e)所示。

(4)对任意给定值 n,将 $x_1(k)$ 与 $x_2(n-k)$ 进行相乘、求和运算,得到序号为 n 的卷积和序列 $y(n)$。若令 n 由 $-\infty$ 到 $+\infty$ 变化,则 $x_2(n-k)$ 的图形将从 $-\infty$ 处开始沿 k 轴自左向右进行平移,计算求得卷积和序列 $y(n)$,如图 5-5(f)所示。

对于本例中给定的 $x_1(n)$ 和 $x_2(n)$,具体计算过程如下:

当 $n<0$ 时,由于乘积项 $x_1(n)$ 和 $x_2(n)$ 均为零,故 $y(n)=0$。

当 $n=0$ 时,$x_2(-k)$ 的图形如图 5-5(c)所示,即

$$y(0)=\sum_{k=-\infty}^{+\infty}x_1(k)x_2(0-k)=\sum_{k=0}^{0}x_1(k)x_2(-k)=x_1(0)x_2(0)=1\times4=4$$

当 $n=1$ 时,$x_2(1-k)$ 的图形如图 5-5(d)所示,即

$$\begin{aligned}y(1)&=\sum_{k=-\infty}^{+\infty}x_1(k)x_2(1-k)=\sum_{k=0}^{1}x_1(k)x_2(1-k)\\&=x_1(0)x_2(1)+x_1(1)x_2(0)=1\times3+3\times4=15\end{aligned}$$

当 $n=2$ 时,$x_2(2-k)$ 的图形如图 5-5(e)所示,即

$$\begin{aligned}y(2)&=\sum_{k=-\infty}^{+\infty}x_1(k)x_2(2-k)\\&=\sum_{k=0}^{2}x_1(k)x_2(2-k)\\&=x_1(0)x_2(2)+x_1(1)x_2(1)+x_1(2)x_2(0)\\&=1\times2+3\times3+2\times4=19\end{aligned}$$

同理可得 $y(3)=13$,$y(4)=7$,$y(5)=2$,以及当 $n>5$ 时 $y(n)=0$。因此,卷积和可表示为

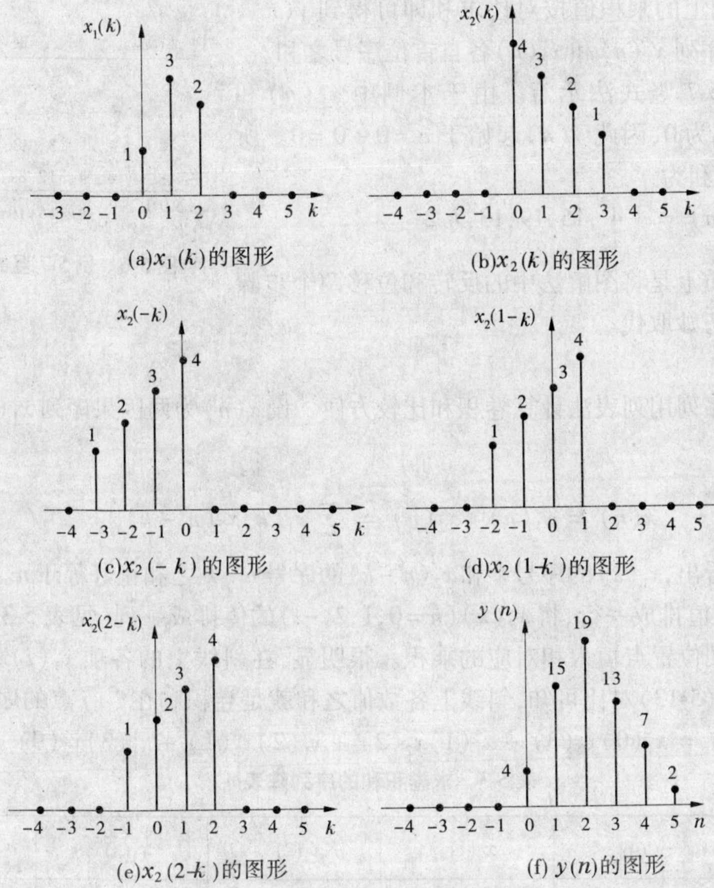

图 5-5　例 5-8 的图解法

$$y(n)=\begin{cases}4,\ n=0\\15,\ n=1\\19,\ n=2\\13,\ n=3\\7,\ n=4\\2,\ n=5\\0,\ n\text{ 取其他值}\end{cases}$$

图形如图 5-5(f)所示。

2. 竖式法

若进行卷积和计算的是两个有限长序列,则可以采用先对位相乘然后求和的方法很快地求出卷积结果,这种方法称为竖式法。

下面用竖式法对例 5-7 进行求解。由图 5-4 可知

$$x_1(n)=\{\underset{\underset{n=0}{\uparrow}}{1},3,2\},x_2(n)=\{\underset{\underset{n=0}{\uparrow}}{4},3,2,1\}$$

用竖式法计算卷积和的步骤如下:

(1)将 $x_1(n)$ 和 $x_2(n)$ 的序列样值以各自 n 的最高位按右对齐排列。

(2)将样值逐个对应相乘但不要进位。

(3)将同一列上的乘积值按对位求和即可得到 $y(n)$，其中起始 n 值为序列 $x_1(n)$ 和 $x_2(n)$ 各自首位序号之和。

图5-6为例5-7竖式法示意。由于本例中 $x_1(n)$ 和 $x_2(n)$ 首位序号都为0，因此 $y(n)$ 起始于 $n=0+0=0$。所以，可得所求卷积和为

$$y(n)=\{\underset{\underset{n=0}{\uparrow}}{4},15,19,13,7,2\}$$

$x_1(n)$:				1	3	2
$x_2(n)$:			4	3	2	1
				1	3	2
			2	6	4	
		3	9	6		
	4	12	8			
$y(n)$:	4	15	19	13	7	2

图5-6　例5-7竖式法示意

这种方法实质上是将图解法中的反转和位移两个步骤以对位排列方式巧妙取代。

3. 列表法

对于较短的序列用列表法计算卷积和比较方便。设 $x(n)$ 为两因果序列 $x_1(n)$ 和 $x_2(n)$ 的卷积和，即

$$x(n)=x_1(n)*x_2(n)=\sum_{k=0}^{n}x_1(k)x_2(n-k) \tag{5-13}$$

由式(5-13)可以看出，$x_1(k)$ 的序号 k 和 $x_2(n-k)$ 的序号 $n-k$ 之和正好等于 n。先将 $x_1(n)$ $(n=0,1,2,\cdots)$ 的值排成一行，将 $x_2(n)$ $(n=0,1,2,\cdots)$ 的值排成一列(见表5-3)，然后在表中各行与列的交叉位置点填入相对应的乘积。很明显，在斜线上的各项 $x_1(i)x_2(j)$ 的序号之和为常数，与式(5-13)对比可知，斜线上各数值之和就是卷积和在 $i+j$ 点的序列值，例如：

$$x(3)=x_1(0)x_2(3)+x_1(1)x_2(2)+x_1(2)x_2(1)+x_1(3)x_2(0)$$

表5-3　求卷积和的序列阵表

$x_2(n)$ \ $x_1(n)$	$x_1(0)$	$x_1(1)$	$x_1(2)$	$x_1(3)$	…
$x_2(0)$	$x_1(0)x_2(0)$	$x_1(1)x_2(0)$	$x_1(2)x_2(0)$	$x_1(3)x_2(0)$	…
$x_2(1)$	$x_1(0)x_2(1)$	$x_1(1)x_2(1)$	$x_1(2)x_2(1)$	$x_1(3)x_2(1)$	…
$x_2(2)$	$x_1(0)x_2(2)$	$x_1(1)x_2(2)$	$x_1(2)x_2(2)$	$x_1(3)x_2(2)$	…
$x_2(3)$	$x_1(0)x_2(3)$	$x_1(1)x_2(3)$	$x_1(2)x_2(3)$	$x_1(3)x_2(3)$	…
⋮	⋮	⋮	⋮	⋮	⋮

现用列表法计算例5-7两序列的卷积和，步骤如下：

(1)将例5-7中的 $x_1(n)$ 和 $x_2(n)$ 的各序列值分别在表格中按行和列进行排列，如表5-4(a)所示。

(2)在每行和每列的交叉点位置填入所对应的 $x_1(n)$ 和 $x_2(n)$ 序列值的乘积，如表5-4(b)所示。

(3)沿着斜线分别求元素之和，即得到两序列的卷积和，当斜线上只有一个元素时，两序列的卷积和在此序列号上的值即为此元素值，如表5-4(c)所示。卷积和各项对应的时间序号等于对应行、列的序号之和，如卷积和第一项序号是 $0+0=0$，卷积和第六项序号是 $3+2=5$。

表 5-4(a)　列表法求解例 5-7

$x_1(n)$ / $x_2(n)$	$x_1(0)$ 1	$x_1(1)$ 3	$x_1(2)$ 2	$x_1(3)$ 0
$x_2(0)$　4				
$x_2(1)$　3				
$x_2(2)$　2				
$x_2(3)$　1				

表 5-4(b)　列表法求解例 5-7

$x_1(n)$ / $x_2(n)$	$x_1(0)$ 1	$x_1(1)$ 3	$x_1(2)$ 2	$x_1(3)$ 0
$x_2(0)$　4	4	12	8	0
$x_2(1)$　3	3	9	6	0
$x_2(2)$　2	2	6	4	0
$x_2(3)$　1	1	3	2	0

表 5-4(c)　列表法求解例 5-7

$x_1(n)$ / $x_2(n)$	$x_1(0)$ 1	$x_1(1)$ 3	$x_1(2)$ 2	$x_1(3)$ 0
$x_2(0)$　4	4	12	8	0
$x_2(1)$　3	3	9	6	0
$x_2(2)$　2	2	6	4	0
$x_2(3)$　1	1	3	2	0

由表 5-4(c)可得

$$y(n) = x_1(n) * x_2(n) = \{\underset{\substack{\uparrow \\ n=0}}{4}, 15, 19, 13, 7, 2\}$$

在 MATLAB 软件中进行卷积和运算也比较简便，MATLAB 软件中提供的计算有限长序列卷积的函数为 conv，其调用格式为

$$\mathrm{y = conv(h,x)}$$

其中，h 和 x 为存储 $h(n)$ 和 $x(n)$ 的行向量。但是，由于指令 conv 并不给出 $y(n)$ 的区间，而这个区间又是非常有意义的，所以在求出 $y(n)$ 样本的同时，还必须给出对应的区间。

用 MATLAB 绘制的例 5-7 的波形如图 5-7 所示。

4. 查表法

在实际问题中卷积和也可通过查表直接得出。表 5-5 中列出了常用因果序列的卷积和，便于查用。

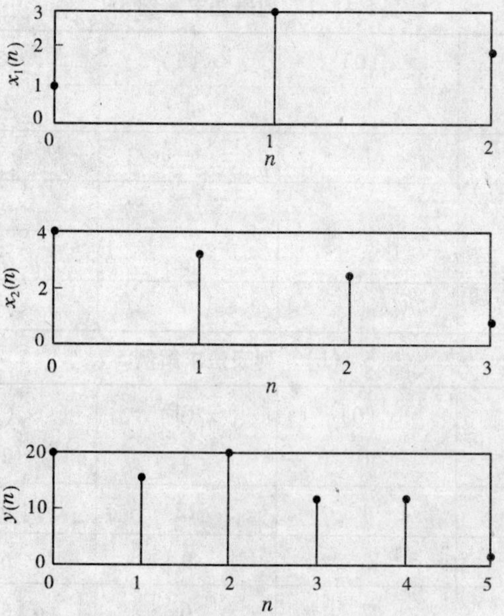

图 5-7　用 MATLAB 绘制的例 5-7 的波形

表 5-5　常用因果序列的卷积和

序号	$x_1(n),n\geqslant 0$	$x_2(n),n\geqslant 0$	$x_1(n)*x_2(n),n\geqslant 0$
1	$x(n)$	$\delta(n)$	$x(n)$
2	$x(n)$	$u(n)$	$\sum\limits_{k=0}^{n}x(k)$
3	$u(n)$	$u(n)$	$n+1$
4	a^n	$u(n)$	$\dfrac{1-a^n}{1-a},a\neq 1$
5	a_1^n	a_2^n	$\dfrac{a_1^{n+1}-a_2^{n+1}}{a_1-a_2},a_1\neq a_2$
6	a^n	a^n	$(n+1)a^n$
7	a^n	n	$\dfrac{n}{1-a}+\dfrac{a(a^n-1)}{(1-a)^2}$
8	n	n	$\dfrac{1}{6}n(n-1)(n+1)$
9	$e^{\lambda n}$	$u(n)$	$\dfrac{1-e^{\lambda(n+1)}}{1-e^{\lambda}}$
10	$e^{\lambda_1 n}$	$e^{\lambda_2 n}$	$\dfrac{e^{\lambda_1(n+1)}-e^{\lambda_2(n+1)}}{e^{\lambda_1}-e^{\lambda_2}},\lambda_1\neq\lambda_2$
11	$e^{\lambda n}$	$e^{\lambda n}$	$(n+1)e^{\lambda n}$
12	$a_1^n\cos(\Omega_0 n+\theta)$	a_2^n	$\dfrac{a_1^{n+1}\cos[\Omega_0(n+1)+\theta-\varphi]-a_2^{n+1}\cos(\theta-\varphi)}{\sqrt{a_1^2+a_2^2+2a_1a_2\cos\Omega_0}}$ $\varphi=\arctan\left(\dfrac{a_1\sin\Omega_0}{a_1\cos\Omega_0-a_2}\right)$

如前所述,离散时间系统的零状态响应可由 $x(n)$ 与 $h(n)$ 的卷积和运算求得,这是卷积和运算在离散时间系统分析中的一个重要应用。

在连续 LTI 时间系统中,可以利用卷积的方法求系统的零状态响应,在 LTI 离散时间系统中,也可以用相似的方法进行分析。如果离散时间系统的单位脉冲响应为 $h(n)$,则零状态响应 $y_{zs}(n)$ 与激励 $x(n)$ 和 $h(n)$ 的关系为

$$y_{zs}(n) = x(n) * h(n)$$

【例 5-9】 某 LTI 离散时间系统的激励和单位样值响应分别为

$$x(n) = u(n) - u(n-2), h(n) = \left(\frac{1}{3}\right)^n u(n)$$

求该系统的零状态响应。

解

$$\begin{aligned} y_{zs}(n) &= x(n) * h(n) = [u(n) - u(n-2)] * h(n) \\ &= [\delta(n) + \delta(n-1)] * h(n) \\ &= h(n) + h(n-1) \\ &= \left(\frac{1}{3}\right)^n u(n) + \left(\frac{1}{3}\right)^{n-1} u(n-1) \end{aligned}$$

三、因果稳定系统

(一)因果系统

如果一个系统某时刻的输出只取决于当前及以前时刻的输入,此系统是因果系统;否则,如果系统当前的输出还取决于未来时刻的输入,该系统就是非因果系统,是不实际的系统。

对于 LTI 系统,其是因果系统的充分必要条件是系统的单位脉冲响应 $h(n)$ 在 0 时刻以前为 0,即

$$h(n) = 0, n < 0$$

或者写成

$$h(n) = h(n)u(n)$$

通常把 $n<0, x(n)=0$ 的序列称为因果序列,即是说这个因果序列可以作为一个因果系统的单位脉冲响应。

(二)稳定系统

稳定性是系统能够正常工作的先决条件。稳定系统是指有界输入产生有界输出的系统。对于 LTI 系统,其是稳定系统的充分必要条件是系统的单位样值响应绝对可和,即

$$\sum_{n=-\infty}^{+\infty} |h(n)| < +\infty$$

因此,一个 LTI 系统是因果稳定系统的充分必要条件是

$$\begin{cases} h(n) = h(n)u(n) \\ \sum_{n=-\infty}^{+\infty} |h(n)| < +\infty \end{cases}$$

因果稳定系统是非常有用的一类系统,是分析其他复杂系统的基础。以上关于 LTI 离散时间系统因果性和稳定性的论述只是比较简单地给出了结论,对推导证明过程感兴趣的

读者可以参考连续时间系统因果性、稳定性的相关章节,也可以参考其他相关教材。

第五节　离散时间傅里叶变换

在信号与系统中,分析连续时间信号可以采用时域分析方法和频域分析方法,它们之间是通过连续时间的傅里叶变换来完成从时域到频域的变换,它们之间是完成了一种域的变换,从而拓宽了分析连续时间信号的途径。与连续时间系统的分析类似,在离散时间系统中,也可以采用离散傅里叶变换,将时间域信号转换到频率域进行分析,这样,不但可以得到离散时间信号的频谱,而且可以使离散时间信号的分析方法更加多元化。本节将介绍离散时间系统的频域分析方法。

一、序列傅里叶变换的定义

一个离散时间信号与其频谱之间的关系,可用序列的傅里叶变换来表示。若设离散时间信号为序列 $x(n)$,则序列 $x(n)$ 的傅里叶变换(DTFT)为

正变换:
$$\mathrm{DTFT}[x(n)] = X(e^{j\omega}) = \sum_{n=-\infty}^{+\infty} x(n)e^{-j\omega n} \tag{5-14}$$

反变换:
$$\mathrm{DTFT}^{-1}[X(e^{j\omega})] = x(n) = \frac{1}{2\pi}\int_{-\pi}^{\pi} X(e^{j\omega})e^{j\omega n}d\omega \tag{5-15}$$

记为

$$x(n) \overset{F}{\longleftrightarrow} X(e^{j\omega})$$

当然式(5-15)等式右端的积分区间可以是$(0,2\pi)$或其他任何一个周期。

【例 5-10】　设序列 $x(n)$ 的波形如图 5-8 所示,求 $x(n)$ 的傅里叶变换 $X(e^{j\omega})$。

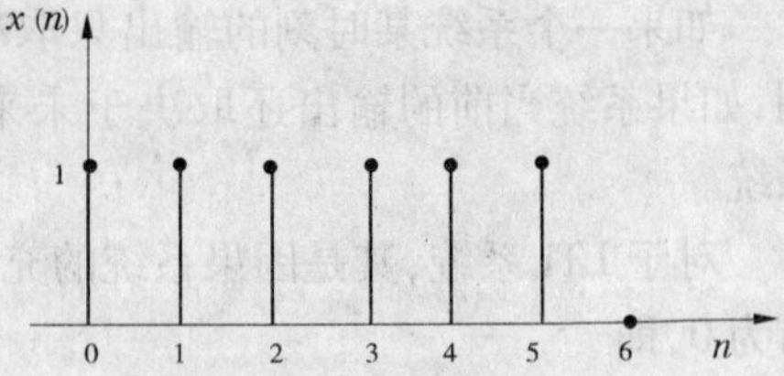

图 5-8　序列 $x(n)$ 的波形

解　由定义式(5-14)可得

$$X(e^{j\omega}) = \sum_{n=-\infty}^{+\infty} R_6(n)e^{-j\omega n} = \sum_{n=0}^{5} e^{-j\omega n}$$

$$= \frac{1-e^{-j6\omega}}{1-e^{-j\omega}} = \frac{e^{-j3\omega}(e^{j3\omega}-e^{-j3\omega})}{e^{-j\frac{1}{2}\omega}(e^{j\frac{1}{2}\omega}-e^{-j\frac{1}{2}\omega})}$$

$$= e^{-j\frac{5}{2}\omega}\frac{\sin 3\omega}{\sin\frac{1}{2}\omega}$$

二、序列傅里叶变换存在的条件

序列 $x(n)$ 的傅里叶变换存在的条件为 $x(n)$ 满足绝对可和,即

$$\sum_{n=-\infty}^{+\infty} |x(n)| < +\infty \tag{5-16}$$

反之,序列的傅里叶变换存在且连续,则序列一定是绝对可和的。

三、序列傅里叶变换的性质

(一)线性

设 $\mathrm{DTFT}[x_1(n)]=X_1(\mathrm{e}^{\mathrm{j}\omega})$,$\mathrm{DTFT}[x_2(n)]=X_2(\mathrm{e}^{\mathrm{j}\omega})$,则

$$\mathrm{DTFT}[ax_1(n)+bx_2(n)]=aX_1(\mathrm{e}^{\mathrm{j}\omega})+bX_2(\mathrm{e}^{\mathrm{j}\omega}) \tag{5-17}$$

(二)移位

设 $\mathrm{DTFT}[x(n)]=X(\mathrm{e}^{\mathrm{j}\omega})$,则

$$\mathrm{DTFT}[x(n-n_0)]=\mathrm{e}^{-\mathrm{j}\omega n_0}X(\mathrm{e}^{\mathrm{j}\omega}) \tag{5-18}$$

证明

$$\begin{aligned} X(\mathrm{e}^{\mathrm{j}\omega}) &= \mathrm{DTFT}[x(n-n_0)]=\sum_{n=-\infty}^{+\infty}x(n-n_0)\mathrm{e}^{-\mathrm{j}\omega n} \\ &= \sum_{n=-\infty}^{+\infty}x(n-n_0)\mathrm{e}^{-\mathrm{j}\omega n} \quad n'=n-n_0 \\ &= \sum_{n=-\infty}^{+\infty}x(n')\mathrm{e}^{-\mathrm{j}\omega n'}\mathrm{e}^{-\mathrm{j}\omega n_0} \\ &= \mathrm{e}^{-\mathrm{j}\omega n_0}X(\mathrm{e}^{\mathrm{j}\omega}) \end{aligned}$$

(三)频移性

设 $\mathrm{DTFT}[x(n)]=X(\mathrm{e}^{\mathrm{j}\omega})$,则

$$\mathrm{DTFT}[\mathrm{e}^{\mathrm{j}\omega_0 n}x(n)]=X(\mathrm{e}^{\mathrm{j}(\omega-\omega_0)}) \tag{5-19}$$

(四)对称性

为了较方便地讨论非周期序列傅里叶变换的对称性,首先我们引入一些有关序列的基本概念——共轭对称序列与共轭反对称序列。

若序列 $x_e(n)$ 满足下式

$$x_e(n)=x_e^*(-n) \tag{5-20}$$

则称序列 $x_e(n)$ 为共轭对称序列。对实序列而言,有 $x_e(n)=x_e(-n)$,即序列 $x_e(n)$ 为偶对称序列。

若序列 $x_o(n)$ 满足下式

$$x_o(n)=-x_o^*(-n) \tag{5-21}$$

则称序列 $x_o(n)$ 为共轭反对称序列。对实序列而言,有 $x_o(n)=-x_o(-n)$,即序列 $x_o(n)$ 为奇对称序列。

因此,根据共轭对称序列与共轭反对称序列的定义,共轭对称序列 $x_e(n)$ 和共轭反对称序列 $x_o(n)$ 可由任意一个序列 $x(n)$ 按下式构成

$$x_e(n)=\frac{1}{2}[x(n)+x^*(-n)] \tag{5-22}$$

$$x_o(n)=\frac{1}{2}[x(n)-x^*(-n)] \tag{5-23}$$

也就是说,对任意一个序列 $x(n)$ 都可以用共轭对称序列 $x_e(n)$ 和共轭反对称序列 $x_o(n)$ 之和来表示,即

$$x(n)=x_e(n)+x_o(n) \tag{5-24}$$

同理,可定义傅里叶变换 $X(\mathrm{e}^{\mathrm{j}\omega})$ 的共轭对称分量和共轭反对称分量

$$X(e^{j\omega}) = X_e(e^{j\omega}) + X_o(e^{j\omega}) \tag{5-25}$$

$$X_e(e^{j\omega}) = \frac{1}{2}[X(e^{j\omega}) + X^*(e^{-j\omega})] \tag{5-26}$$

$$X_o(e^{j\omega}) = \frac{1}{2}[X(e^{j\omega}) - X^*(e^{-j\omega})] \tag{5-27}$$

式中,$X_e(e^{j\omega})$称为傅里叶变换 $X(e^{j\omega})$的共轭对称分量,满足 $X_e(e^{j\omega}) = X_e^*(e^{-j\omega})$;$X_o(e^{j\omega})$称为共轭反对称分量,满足 $X_o(e^{j\omega}) = -X_o^*(e^{-j\omega})$。式(5-25)表示序列 $x(n)$的傅里叶变换 $X(e^{j\omega})$也可以分解为共轭对称分量和共轭反对称分量之和。

与序列的情况相同,若 $X(e^{j\omega})$为实函数,且满足共轭对称,即 $X(e^{j\omega}) = X(e^{-j\omega})$,则称为频率的偶函数。若 $X(e^{j\omega})$为实函数,且满足共轭反对称,即 $X(e^{j\omega}) = -X(e^{-j\omega})$,则称为频率的奇函数。

若对式(5-22)、式(5-23)和式(5-24)两边进行序列傅里叶变换,可得序列 $x(n)$有如下性质:

(1)序列 $x(n)$的实部的傅里叶变换等于序列傅里叶变换的共轭对称分量,即

$$\text{DTFT}\{\text{Re}[x(n)]\} = X_e(e^{j\omega}) \tag{5-28}$$

(2)序列 $x(n)$的虚部乘 j 后的傅里叶变换等于序列傅里叶变换的共轭反对称分量,即

$$\text{DTFT}\{j\text{Im}[x(n)]\} = X_o(e^{j\omega}) \tag{5-29}$$

(3)序列 $x(n)$的共轭对称分量 $x_e(n)$和共轭反对称分量 $x_o(n)$的傅里叶变换分别等于序列的傅里叶变换的实部和 j 乘以虚部,即

$$\text{DTFT}[x_e(n)] = \text{Re}[X(e^{j\omega})] \tag{5-30}$$

$$\text{DTFT}[x_o(n)] = j\text{Im}[X(e^{j\omega})] \tag{5-31}$$

(4)若 $x(n)$是实序列,则其傅里叶变换 $X(e^{j\omega})$满足共轭对称性,即

$$X(e^{j\omega}) = X^*(e^{-j\omega}) \tag{5-32}$$

也就是说:

$$\text{Re}[X(e^{j\omega})] = \text{Re}[X(e^{-j\omega})] \tag{5-33}$$

$$\text{Im}[X(e^{j\omega})] = -\text{Im}[X(e^{-j\omega})] \tag{5-34}$$

由此可以看出,实序列的傅里叶变换的实部是 ω 的偶函数,而虚部是 ω 的奇函数。

(5)序列 $x(n)$的傅里叶变换 $X(e^{j\omega})$的极坐标表示形式为

$$X(e^{j\omega}) = |X(e^{j\omega})|e^{j\arg[X(e^{j\omega})]} \tag{5-35}$$

对实序列 $x(n)$,有

$$|X(e^{j\omega})| = |X(e^{-j\omega})| \tag{5-36}$$

$$\arg[X(e^{j\omega})] = -\arg[X(e^{-j\omega})] \tag{5-37}$$

也就是说,实序列的傅里叶变换的幅度是 ω 的偶函数,而相角是 ω 的奇函数。

(五)时域卷积定理

若 $y(n) = x(n) * h(n)$,则有

$$Y(e^{j\omega}) = X(e^{j\omega})H(e^{j\omega}) \tag{5-38}$$

证明　由卷积和定义有 $y(n) = x(n) * h(n) = \sum_{m=-\infty}^{+\infty} x(m)h(n-m)$,等式两边作傅里叶变换得

$$Y(e^{j\omega}) = \sum_{n=-\infty}^{+\infty}\sum_{m=-\infty}^{+\infty}[x(m)h(n-m)]e^{-j\omega n}$$

令 $k=n-m$,则上式可改写为

$$Y(e^{j\omega}) = \sum_{k=-\infty}^{+\infty}\sum_{m=-\infty}^{+\infty}h(k)x(m)e^{-j\omega k}e^{-j\omega m}$$

$$= \sum_{k=-\infty}^{+\infty}h(k)e^{-j\omega k}\sum_{m=-\infty}^{+\infty}x(m)e^{-j\omega m} = X(e^{j\omega})H(e^{j\omega})$$

(六)频域卷积定理

若 $y(n)=x(n)\cdot h(n)$,则

$$Y(e^{j\omega}) = \frac{1}{2\pi}X(e^{j\omega}) * H(e^{j\omega})$$

$$= \frac{1}{2\pi}\int_{-\pi}^{\pi}X(e^{j\theta})H(e^{j(\omega-\theta)})d\theta \tag{5-39}$$

(七)帕塞瓦尔(Parseval)定理

$$\sum_{n=-\infty}^{+\infty}|x(n)|^2 = \frac{1}{2\pi}\int_{-\pi}^{\pi}|X(e^{j\omega})|^2 d\omega \tag{5-40}$$

表5-6综合了DTFT的性质,这些性质在以后分析问题和实际应用中是非常重要的。表5-7给出了常用序列的傅里叶变换,这在以后的实际应用中很重要。

表5-6　序列傅里叶变换的性质

序列	傅里叶变换	序列	傅里叶变换
$x(n)$	$X(e^{j\omega})$	$x(n-n_0)$	$e^{-j\omega n_0}X(e^{j\omega})$
$x^*(n)$	$X^*(e^{-j\omega})$	$x(-n)$	$X(e^{-j\omega})$
$ax_1(n)+bx_2(n)$	$aX_1(e^{j\omega})+bX_2(e^{j\omega})$	$nx(n)$	$j\left[\frac{dX(e^{j\omega})}{d\omega}\right]$
$x_1(n)*x_2(n)$	$X_1(e^{j\omega})\cdot X_2(e^{j\omega})$	$x_1(n)\cdot x_2(n)$	$\frac{1}{2\pi}X_1(e^{j\omega})*X_2(e^{j\omega})$
$\mathrm{Re}[x(n)]$	$X_e(e^{j\omega})$	$j\mathrm{Im}[x(n)]$	$X_o(e^{j\omega})$
$x_e(n)$	$\mathrm{Re}[X(e^{j\omega})]$	$x_o(n)$	$j\mathrm{Im}[X(e^{j\omega})]$
$\sum_{n=-\infty}^{+\infty}\|x(n)\|^2 = \frac{1}{2\pi}\int_{-\pi}^{\pi}\|X(e^{j\omega})\|^2 d\omega$		$\sum_{n=-\infty}^{+\infty}x(n)y^*(n) = \frac{1}{2\pi}\int_{-\pi}^{\pi}X(e^{j\omega})Y^*(e^{j\omega})d\omega$	

【例5-11】 若 $x(n)$ 的傅里叶变换为 $X(e^{j\omega})$,求下面序列的傅里叶变换:

(1) $kx(n)$(k 为常数)

(2) $x(n-4)$

(3) $x^*(n)$

(4) $g(n)=\begin{cases} x\left(\frac{n}{2}\right) & n\text{ 为偶数} \\ 0 & n\text{ 为奇数}\end{cases}$

解 根据序列傅里叶变换的定义及性质有:

(1) $kx(n) \overset{F}{\longleftrightarrow} kX(e^{j\omega})$

(2) $x(n-4) \xleftrightarrow{F} e^{-j4\omega}X(e^{j\omega})$

(3) $x^*(n) \xleftrightarrow{F} \sum_{n=-\infty}^{+\infty} x^*(n)e^{-jn\omega} = [\sum_{n=-\infty}^{+\infty} x(n)e^{jn\omega}]^* = X^*(e^{-j\omega})$

(4) $G(e^{j\omega}) = \sum_{n为偶数}^{+\infty} x(\frac{n}{2})e^{-jn\omega} \overset{令n=2n'}{=} \sum_{n'=-\infty}^{+\infty} x(n')e^{-j2n'\omega} = X(e^{2j\omega})$

表 5-7　常用序列傅里叶变换

序列	傅里叶变换
$\delta(n)$	1
$a^n u(n)\quad \lvert a \rvert < 1$	$\frac{1}{1-ae^{-j\omega}}$
$R_N(n)$	$e^{-j(N-1)\frac{\omega}{2}} \cdot \sin(\frac{\omega N}{2})/\sin\frac{\omega}{2}$
$u(n)$	$(1-e^{-j\omega})^{-1} + \sum_{k=-\infty}^{+\infty} \pi\delta(\omega-2k\pi)$
$x(n) = 1$	$2\pi\sum_{k=-\infty}^{+\infty}\delta(\omega-2k\pi)$
$e^{j\omega_0 n}$($2\pi/\omega_0$ 为无理数)	$2\pi\sum_{k=-\infty}^{+\infty}\delta(\omega-\omega_0-2k\pi)$
$\cos(\omega_0 n)$($2\pi/\omega_0$ 为无理数)	$\pi\sum_{k=-\infty}^{+\infty}[\delta(\omega-\omega_0-2k\pi)+\delta(\omega+\omega_0-2k\pi)]$
$\sin(\omega_0 n)$($2\pi/\omega_0$ 为无理数)	$-j\pi\sum_{k=-\infty}^{+\infty}[\delta(\omega-\omega_0-2k\pi)-\delta(\omega+\omega_0-2k\pi)]$

【例 5-12】　若序列 $h(n)$ 是实因果序列,其傅里叶变换的实部为 $H_R(e^{j\omega}) = 1+\cos\omega$,求序列 $h(n)$ 及其傅里叶变换 $H(e^{j\omega})$。

解　利用三角函数关系得

$$H_R(e^{j\omega}) = 1+\cos\omega = 1+\frac{1}{2}e^{j\omega}+\frac{1}{2}e^{-j\omega}$$

由序列傅里叶变换的定义有

$$H_R(e^{j\omega}) = \text{DTFT}[h_e(n)] = \sum_{n=-\infty}^{+\infty} h_e(n)e^{-j\omega n}$$

比较两式可得

$$h_e(-1) = 1/2,\ h_e(0) = 1,\ h_e(1) = 1/2$$

由于 $h(n)$ 是实因果序列,因此 $h(n) = h^*(n)$,当 $n<0$,$h(n)=0$。

所以,根据式(5-22)得以下关系

$$h(n) = \begin{cases} 0 & n<0 \\ h_e(n) & n=0 \\ 2h_e(n) & n>0 \end{cases} = \begin{cases} 1 & n=0 \\ 1 & n=1 \\ 0 & n\text{ 为其他值} \end{cases}$$

所以，$H(e^{j\omega}) = \sum_{n=-\infty}^{+\infty} h(n)e^{-jn\omega} = 1 + e^{-j\omega} = 2e^{-j\frac{\omega}{2}}\cos\frac{\omega}{2}$。

小　结

本章主要介绍了离散时间系统的差分方程及求解差分方程的方法，讲述了离散时间信号与系统的频域分析法。LTI 离散时间系统的差分方程为常系数线性差分方程。求解差分方程的方法有迭代法、时域经典法和变换域法。LTI 离散时间系统的输入为 $\delta(n)$ 时的零状态响应称为单位脉冲响应。LTI 离散时间系统的输入 $x(n)$、零状态响应 $y_{zs}(n)$ 与 $h(n)$ 的关系为 $y_{zs}(n)=x(n)*h(n)$。

习　题

5-1　离散时间系统的输入输出关系为

$$y(n)+3y(n-1)+2y(n-2)=x(n)$$

已知 $y(0)=1,y(1)=2,x(n)=nu(n)$，用迭代法求系统的输出响应 $y(n)$。

5-2　解下列差分方程：

(1) $y(n)-2y(n-1)=0,y(0)=\frac{1}{2}$　　(2) $y(n)+3y(n-1)=0,y(1)=1$

(3) $y(n)-y(n-2)=0,y(0)=1,y(1)=2$

(4) $y(n)-y(n-2)=\sin n,y(-1)=0,y(-2)=0$

(5) $y(n)+2y(n-1)+y(n-2)=3^{-n},y(-1)=0,y(0)=0$

5-3　离散时间系统差分方程为

$$y(n)+5y(n-1)+6y(n-2)=x(n)$$

已知 $y(-1)=1,y(-2)=-2,x(n)=u(n)$，求：

(1) 系统的零状态响应；

(2) 系统的零输入响应；

(3) 系统的全响应。

5-4　已知系统差分方程为

$$y(n)+ay(n-1)=x(n)$$

试画出系统框图，并求出系统的单位脉冲响应 $h(n)$。

5-5　描述一个因果 LTI 离散系统的差分方程为

$$y(n)+\frac{1}{2}y(n-1)=x(n)$$

(1) 确定该系统的单位脉冲响应 $h(n)$；

(2) 若系统输入 $x(n)=\frac{1}{3^n}u(n)$，求系统响应 $y(n)$。

5-6　直接计算下面两个序列的卷积和 $y(n)=x(n)*h(n)$：

$$h(n)=\begin{cases}a^n & 0\leqslant n\leqslant N-1\\ 0 & n\text{ 为其他值}\end{cases}\qquad x(n)=\begin{cases}b^n & n\geqslant 0\\ 0 & n<0\end{cases}$$

请用公式表示。

5-7 已知 LTI 离散系统的单位脉冲响应为

$$h(n)=\left(\frac{1}{2}\right)^n u(n)$$

对下列信号，求该系统的输出响应 $y(n)$。

(1) $x(n)=2\delta(n-2)$　　(2) $x(n)=(-1)^n$

(3) $x(n)=\left(\frac{3}{4}\right)^n u(n)$　　(4) $x(n)=\cos\left(\frac{n\pi}{2}\right)u(n)$

5-8 已知 LTI 系统的单位脉冲响应为 $h(n)$，其表达式如下，分别讨论系统的因果性与稳定性。

(1) $\delta(n-2)$　　(2) $\delta(n+2)$

(3) $u(n+2)$　　(4) $2^{n+1}u(n)$

(5) $2^{n+1}[u(n)-u(n-5)]$　　(6) $\frac{1}{n!}u(n)$

5-9 对于线性时不变系统，若系统的单位脉冲响应为 $h(n)$，求系统的单位阶跃响应 $g(n)$。

5-10 已知序列 $x(n)$ 的傅里叶变换为 $X(e^{j\omega})$，求下面序列的傅里叶变换：

(1) $x_1(n)=x(1-n)$　　(2) $x_2(n)=nx(n)$

(3) $x_3(n)=\frac{x^*(-n)+x(n)}{2}$

5-11 求下列序列的傅里叶变换：

(1) $\delta(n-n_0)$　　(2) $e^{-an}u(n)$

(3) $e^{-an}u(n)\cos(\omega_0 n)$

第六章　离散时间信号与系统的 z 变换

第一节　引　言

z 变换是处理离散序列信号时进行的一种重要数学变换，它在离散时间系统中的地位，如同拉普拉斯变换在连续时间系统中的地位一样。离散时间信号的 z 变换已成为分析线性时不变离散时间系统的重要工具，在数字信号处理、计算机控制系统分析等领域有着广泛的应用。

第二节　z 变换的定义和收敛域

一、z 变换的定义

若序列为 $x(n)$，则

$$X(z) = \sum_{n=-\infty}^{+\infty} x(n) z^{-n} \tag{6-1}$$

称为序列 $x(n)$ 的双边 z 变换(ZT)，记为 $X(z) = Z[x(n)]$。为了表示方便，$x(n)$ 与 $X(z)$ 之间的对应关系简记为

$$x(n) \leftrightarrow X(z)$$

如果只对单边序列($n \geqslant 0$ 部分)进行 z 变换：

$$X(z) = \sum_{n=0}^{+\infty} x(n) z^{-n} \tag{6-2}$$

则称为单边 z 变换。单边 z 变换可以看成是 z 变换的一种特例。

二、双边 z 变换的收敛域

一般序列的 z 变换并不一定对任何 z 值都收敛，z 平面上满足级数收敛的区域称为收敛域(ROC)。一般 z 变换的收敛域为

$$R_{x-} < |z| < R_{x+}$$

(一)有限长序列的 ROC

如果序列 $x(n)$ 在 $n < n_1$ 和 $n > n_2$(其中 $n_1 < n_2$)时 $x(n) = 0$，那么这样的序列称为有限长序列，有限长序列的收敛域至少是 $0 < |z| < +\infty$。

序列的左右端点只会影响其在 0 和 ∞ 处的收敛情况：

(1)当 $n_1 < 0, n_2 > 0$ 时，收敛域为 $0 < |z| < +\infty$；

(2)当 $n_1 < 0, n_2 \leqslant 0$ 时，收敛域为 $0 \leqslant |z| < +\infty$；

(3)当 $n_1 \geqslant 0, n_2 > 0$ 时，收敛域为 $0 < |z| \leqslant +\infty$。

(二)右边序列的 ROC

如果序列 $x(n)$ 在 $n<n_1$ 时 $x(n)=0$,那么这样的序列称为右边序列。

序列的左端点会影响其在 0 和∞处的收敛情况:

(1)当 $n_1\geqslant 0$ 时,ROC 为 $R_{x1}<|z|\leqslant +\infty$;

(2)当 $n_1<0$ 时,ROC 为 $R_{x1}<|z|<+\infty$。

(三)左边序列的 ROC

如果序列 $x(n)$ 在 $n>n_2$ 时 $x(n)=0$,那么这样的序列称为左边序列。

序列的右端点会影响其在 0 和∞处的收敛情况:

(1)当 $n_2>0$ 时,ROC 为 $0<|z|<R_{x2}$;

(2)当 $n_2\leqslant 0$ 时,ROC 为 $0\leqslant |z|<R_{x2}$。

(四)双边序列的 ROC

双边序列可以看成是左边序列和右边序列的组合,即

$$X(z)=\sum_{n=-\infty}^{+\infty}x(n)z^{-n}=\sum_{n=0}^{+\infty}x(n)z^{-n}+\sum_{n=-\infty}^{-1}x(n)z^{-n}$$

$|z|>R_{x1}$ 为右边序列的收敛域,$|z|<R_{x2}$ 为左边序列的收敛域。

如果 R_{x1}、R_{x2} 存在且 $R_{x2}>R_{x1}$,则双边序列的 ROC 为 $R_{x1}<|z|<R_{x2}$;否则,ROC 为空集,即双边序列不存在 z 变换。

实际的离散信号通常都是因果序列,此时单边 ZT 与双边 ZT 是一致的,收敛域也相同,都是 z 平面上某个圆外面的区域,如图 6-1 所示。

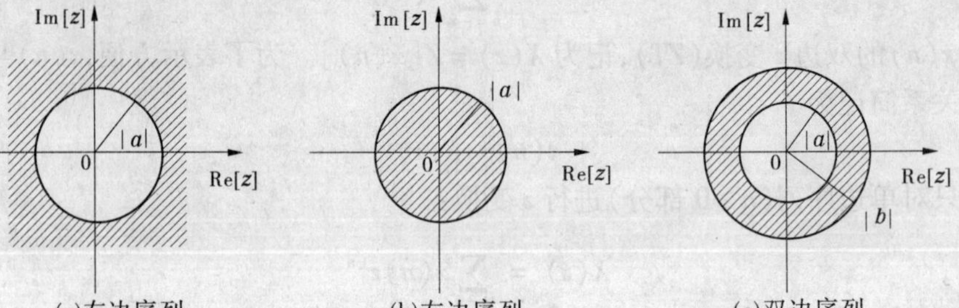

图 6-1 z 变换收敛域

三、常用序列的 z 变换

(一)单位冲激序列 $\delta(n)$

定义:$\delta(n)=\begin{cases}1, & n=0\\0, & n\neq 0\end{cases}$

ZT:$Z[\delta(n)]=\sum_{n=-\infty}^{+\infty}\delta(n)z^{-n}=\delta(0)=1$

ROC:$0\leqslant |z|\leqslant +\infty$

(二)单位阶跃序列 $u(n)$

定义:$u(n)=\begin{cases}1, & n\geqslant 0\\0, & n<0\end{cases}$

$$\text{ZT}: Z[u(n)] = \sum_{n=-\infty}^{+\infty} u(n) z^{-n} = \sum_{n=0}^{+\infty} z^{-n} = \frac{1}{1-z^{-1}} = \frac{z}{z-1} \qquad |z| > 1$$

(三)矩形脉冲序列 $R_N(n)$

定义：$R_N(n) = \begin{cases} 1, & 0 \leqslant n < N \\ 0, & n < 0, n \geqslant N \end{cases}$

$$\text{ZT}: Z[R_N(n)] = \sum_{n=0}^{N-1} z^{-n} = \frac{1-z^{-N}}{1-z^{-1}} \qquad 0 < |z| \leqslant +\infty$$

(四)单位斜变序列 $nu(n)$

定义：$x(n) = nu(n)$

$$\text{ZT}: Z[nu(n)] = \sum_{n=0}^{+\infty} n z^{-n} = \frac{z}{(z-1)^2} \qquad |z| > 1$$

推导过程：

$$Z[u(n)] = \sum_{n=0}^{+\infty} z^{-n} = \frac{1}{1-z^{-1}} \qquad |z| > 1$$

对式 $\sum_{n=0}^{+\infty} z^{-n} = \frac{1}{1-z^{-1}}$ 两边对 z 求导，得

$$\sum_{n=0}^{+\infty} n(z^{-1})^{n-1} = \frac{1}{(1-z^{-1})^2}$$

两边同时乘以 z^{-1}，可得

$$Z[nu(n)] = \sum_{n=0}^{+\infty} n z^{-n} = \frac{z}{(z-1)^2} \qquad |z| > 1$$

同理可得

$$n^2 u(n) \leftrightarrow \sum_{n=0}^{+\infty} n^2 z^{-n} = \frac{z(z+1)}{(z-1)^3}$$

$$n^3 u(n) \leftrightarrow \sum_{n=0}^{+\infty} n^3 z^{-n} = \frac{z(z^2+4z+1)}{(z-1)^4}$$

$$n^m x(n) \leftrightarrow Z[n^m x(n)] = \left(z^{-1} \frac{\mathrm{d}}{\mathrm{d}z^{-1}}\right)^m X(z)$$

(五)单边指数序列 $a^n u(n)$

$$Z[a^n u(n)] = \sum_{n=0}^{+\infty} a^n z^{-n} \overset{|az^{-1}|<1}{=} \frac{z}{z-a} \qquad |z| > |a|$$

$$Z[na^n u(n)] = \frac{az}{(z-a)^2} \qquad |z| > |a|$$

$$Z[n^2 a^n u(n)] = \frac{az(z+a)}{(z-a)^3} \qquad |z| > |a|$$

第三节　z 变换的性质

一、线性

若

$$f_1(n) \leftrightarrow F_1(z) \qquad R_{x1} < |z| < R_{x2}$$
$$f_2(n) \leftrightarrow F_2(z) \qquad R_{y1} < |z| < R_{y2}$$

则

$$C_1 f_1(n) + C_2 f_2(n) \leftrightarrow C_1 F_1(z) + C_2 F_2(z)$$
$$\max(R_{x1}, R_{y1}) < |z| < \min(R_{x2}, R_{y2})$$

其中,C_1, C_2 为任意常数。

二、移位性质

(一)双边 ZT

左移:$Z_B[x(n+m)] = z^m X(z) \qquad R_1 < |z| < R_2, m > 0$

右移:$Z_B[x(n-m)] = z^{-m} X(z) \qquad R_1 < |z| < R_2, m > 0$

序列时移最多只会使 ZT 在 $z=0$ 或 $z=\infty$ 处的零点(或极点)情况发生变化。

(二)单边 ZT

左移:$Z[x(n+m)u(n)] = z^m\left[X(z) - \sum_{k=0}^{m-1} x(k) z^{-k}\right] \qquad R_1 < |z| < R_2, m > 0$

右移:$Z[x(n-m)u(n)] = z^{-m}\left[X(z) + \sum_{k=-m}^{-1} x(k) z^{-k}\right] \qquad R_1 < |z| < R_2, m > 0$

对因果序列:$Z[x(n-m)u(n)] = z^{-m} X(z)$

三、时域扩展性

定义:$x_{(a)}(n) = \begin{cases} x\left(\dfrac{n}{a}\right), & \dfrac{n}{a} \in \mathbf{Z} \\ 0, & \dfrac{n}{a} \notin \mathbf{Z} \end{cases} \qquad a \neq 0, a \in \mathbf{Z}$,$a$ 是扩展因子,$\mathbf{Z}$ 是整数集合

当 $a > 1$ 时,相当于在原序列每两点之间插入 $(a-1)$ 个零。

当 $a < -1$ 时,相当于原序列先反褶,然后在每两点之间插入 $(-a-1)$ 个零。

$$Z[x_{(a)}(n)] = X(z^a)$$

ROC:$R_1 < |z^a| < R_2$ 或 $\begin{cases} R_1^{1/a} < |z| < R_2^{1/a}, a > 0 \\ R_2^{1/a} < |z| < R_1^{1/a}, a < 0 \end{cases}$

如果序列是偶对称的,则 $X(z) = Z[x(n)] = Z[x(-n)] = X\left(\dfrac{1}{z}\right)$;

如果序列是奇对称的,则 $X(z) = -X\left(\dfrac{1}{z}\right)$;

如果一个偶对称或奇对称序列的 ZT 含有一个非零的零点(或极点)z_0,那么它必含有另外一个与之互为倒数的零点(或极点)$\dfrac{1}{z_0}$。

四、时域共轭性

$$Z[x^*(n)] = X^*(z^*) \qquad R_1 < |z| < R_2$$

如果序列是实序列,则 $X(z)=Z[x(n)]=Z[x^*(n)]=X^*(z^*)$

如果实序列的 ZT 含有一个零点(或极点)z_0,那么它必含有另外一个与之共轭对称的零点(或极点)z_0^*。

五、z 域尺度变换(或序列指数加权)性

$$Z[a^n x(n)] = X\left(\frac{z}{a}\right) \qquad R_{x1} < \left|\frac{z}{a}\right| < R_{x2}$$

$$Z[a^{-n} x(n)] = X(az) \qquad R_{x1} < |az| < R_{x2}$$

$$Z[(-1)^n x(n)] = X(-z) \qquad R_{x1} < |z| < R_{x2}$$

$$Z[e^{jn\omega_0} x(n)] = X(e^{-j\omega_0} z) \qquad R_{x1} < |z| < R_{x2}$$

用复指数序列 $e^{jn\omega_0}$ 去调制一个序列时,可以调制其相位特性。

六、z 域微分性质

$$Z[nx(n)] = -z\frac{d}{dz}Z[x(n)] \qquad R_1 < |z| < R_2$$

ROC 唯一可能的变化是加上或去掉 0 或∞。

$$Z[n^m x(n)] = \left(-z\frac{d}{dz}\right)^m Z[x(n)] \qquad R_1 < |z| < R_2$$

七、初值定理

若 $x(n)$ 是因果序列,$X(z) = Z[x(n)] = \sum_{n=0}^{+\infty} x(n)z^{-n}$,则

$$x(0) = \lim_{z\to\infty} X(z)$$

八、终值定理

如果 $x(n)$ 是因果序列, $X(z) = Z[x(n)] = \sum_{n=0}^{+\infty} x(n)z^{-n}$,则

$$\lim_{n\to\infty} x(n) = \lim_{z\to 1}[(z-1)X(z)]$$

只有在 $\lim_{n\to\infty} x(n)$ 存在时才能用, 此时 $X(z)$ 的极点必须在单位圆内(如果位于单位圆上则只能位于 $z=1$ 处,且是一阶极点)。

九、时域卷积定理

定义:$x(n)*y(n) = \sum_{m=-\infty}^{+\infty} x(m)y(n-m)$

定理:序列卷积的 z 变换等于其 z 变换的乘积,即

$$Z[x(n)*y(n)] = Z[x(n)]\cdot Z[y(n)]$$

卷积的 z 变换的 ROC 至少是原序列 z 变换的 ROC 的交集。当出现零极点相抵时,ROC

可能会扩大。

$$x(n)*\delta(n)=x(n)$$

$$x(n)*u(n)=\sum_{k=-\infty}^{n}x(k)$$

$$x(n)\delta(n-n_0)=x(n_0)\delta(n-n_0)$$

$$x(n)*\delta(n-n_0)=x(n-n_0)$$

十、z 域卷积定理

设 $X(z)=Z[x(n)](R_{x1}<|z|<R_{x2})$ 和 $Y(z)=Z[y(n)](R_{y1}<|z|<R_{y2})$，则

$$Z[x(n)y(n)]=\frac{1}{2\pi j}\oint_{C_1}X\left(\frac{z}{v}\right)Y(v)v^{-1}dv$$

其中，C_1 为 $X\left(\frac{z}{v}\right)$ 与 $Y(v)$ 收敛域重叠部分内逆时针旋转的围线。

$$Z[x(n)y(n)]=\frac{1}{2\pi j}\oint_{C_2}X(v)Y\left(\frac{z}{v}\right)v^{-1}dv$$

其中，C_2 为 $X(v)$ 与 $Y\left(\frac{z}{v}\right)$ 收敛域重叠部分内逆时针旋转的围线。

$Z[x(n)y(n)]$ 的 ROC：$R_{x1}R_{y1}<|z|<R_{x2}R_{y2}$

十一、帕斯瓦尔定理

$$\sum_{n=-\infty}^{+\infty}x(n)y^*(n)=\frac{1}{2\pi j}\oint_{C}X(z)Y^*\left(\frac{1}{z^*}\right)z^{-1}dz$$

第四节　z 反变换

根据 $X(z)$ 和收敛域来确定 $x(n)$，就是求 z 反变换，即 $x(n)=z^{-1}[X(z)]$。求 z 反变换的方法通常有三种：幂级数展开法（长除法）、部分分式展开法、围线积分法（留数法）。

一、幂级数展开法（长除法）

幂级数展开法：因为 $X(z)=\sum_{n=-\infty}^{+\infty}x(n)z^{-n}=\cdots+x(-1)z^{1}+x(0)z^{0}+x(1)z^{-1}+\cdots$，将 z 前面的系数提出来组成的序列即为序列 $x(n)$。

基本思路：把 $X(z)$ 按 z^{-1} 展开成幂级数，那么其系数组成的序列 $x(n)$ 即为所求。如果 $x(n)$ 是右边序列，级数应是负幂级数；如果 $x(n)$ 是左边序列，级数则是正幂级数。这种方法有时给不出一个闭式表达式。

【例 6-1】　已知 $X(z)=\frac{1}{1-az^{-1}}$，$|z|>|a|$，用长除法求其 z 反变换 $x(n)$。

解　由收敛域判定这是一个右边序列，用长除法将其展开成负幂级数

$$
\begin{array}{rl}
 & 1+az^{-1}+a^{2}z^{-2}+\cdots \\
1-az^{-1} & \overline{\big)\ 1\qquad\qquad\qquad\qquad} \\
 & \underline{1-az^{-1}\qquad\quad} \\
 & \quad az^{-1} \\
 & \quad \underline{az^{-1}-a^{2}z^{-2}\qquad} \\
 & \qquad a^{2}z^{-2} \\
 & \qquad \underline{a^{2}z^{-2}-a^{3}z^{-3}} \\
 & \qquad\qquad \cdots
\end{array}
$$

$$X(z) = 1 + az^{-1} + a^{2}z^{-2} + \cdots = \sum_{n=0}^{+\infty} a^{n}z^{-n}$$

$$x(n) = a^{n}u(n)$$

二、部分分式展开法

部分分式展开法:将一些常用序列的 z 变换记住了,就可以将 $X(z)$ 表示成简单项之和的形式,而其中的每一项都可以查表。如果都是单阶极点,写出分解式,求出系数即可。多阶极点则要复杂些。

基本思路:把 $X(z)$ 展开成常见部分分式之和,然后分别求各部分的逆变换,最后把各逆变换相加即可得到 $x(n)$。通常展开的对象是 $\frac{X(z)}{z}$,而不是 $X(z)$。

一般情况下,在 MATLAB 中,用部分分式展开法求 z 反变换的步骤如下:

(1)确定 z 变换的收敛域,这是最关键的一步。

(2)用 MATLAB 求出有理分式的极点分布,以及在各个极点上的留数值和直接项的值,从而将有理分式分解为简单的分式之和,然后根据收敛域,求出原始序列。

在 MATLAB 中,函数 residuez 可以用来计算一个有理分式的留数部分和直接项。

设多项式表示为

$$X(z) = \frac{B(z)}{A(z)} = \frac{b_{N}z^{-N} + \cdots + b_{1}z^{-1} + b_{0}}{a_{M}z^{-M} + \cdots + a_{1}z^{-1} + a_{0}}$$

$$= \sum_{i=1}^{M} \frac{r_{k}}{1 - p_{k}z^{-1}} + \sum_{j=0}^{N-M} c_{k}z^{-k}$$

函数 residuez 的调用格式为

[r, p, c] = residuez(b, a)

其中,向量 b,a 分别决定多项式 $B(z)$ 和 $A(z)$ 的系数,按 z 的降幂排列。返回的列向量 r 包含留数值,列向量 p 包含极点的位置,行向量 c 包含直接项。

【例 6-2】 已知序列 $x(n)$ 的 z 变换 $X(z) = \dfrac{10 + z^{-1} - z^{-2}}{1 - 0.25z^{-2}}$,求序列 $x(n)$。

解 本例的 z 反变换的程序如下:

```
b=[10, 1, -1];a=[1, 0, -0.25];      %确定 z 变换表示式
[r, p, c] =residuez(b, a)
```

运算结果显示如下:

```
r =4
   2
p =0.5000
   - 0.5000
c =4
```

因此,分式 $X(z)$ 可以表示为

$$X(z) = \frac{4}{1-0.5z^{-1}} + \frac{2}{1+0.5z^{-1}} + 4$$

$$x(n) = 4 \times 0.5^n u(n) + 2 \times (-0.5)^n u(n) + 4\delta(n)$$

三、留数法

留数法求 z 反变换是最有用的一种方法,任何形式的 $X(z)$ 都可求出 $x(n)$,但计算量比较大。根据复变函数理论,若

$$X(z) = \sum_{n=-\infty}^{+\infty} x(n)z^{-n} \qquad R_{x-} < |z| < R_{x+}$$

则

$$x(n) = \frac{1}{2\pi j}\oint_C X(z)z^{n-1}\mathrm{d}z = \sum_n \mathrm{Res}[X(z)z^{n-1}]_{z=z_m} \quad C \in (R_{x-}, R_{x+})$$

其中 C 是收敛域中的一条逆时针方向转的闭合曲线。

现在来讨论如何计算 $X(z)z^{n-1}$ 在任一极点处的留数。设 z_m 是 $X(z)z^{n-1}$ 的一阶极点,则有

$$\mathrm{Res}[X(z)z^{n-1}]_{z=z_m} = [(z-z_m)X(z)z^{n-1}]_{z=z_m}$$

如果 z_m 是 $X(z)z^{n-1}$ 的 N 阶极点,则有

$$\frac{1}{(N-1)!}\left\{\frac{\mathrm{d}^{N-1}}{\mathrm{d}z^{N-1}}[X(z)z^{n-1}(z-z_m)^N]\right\}_{z=z_m}$$

【例 6-3】 已知 $X(z) = \dfrac{z^3+2z^2+1}{z(z-1)(z-0.5)}$ ($|z|>1$),求 $x(n)$。

解 因为 $|z|>1$,所以 $x(n)$ 必然是因果序列,即

$$x(n) = \sum_m \mathrm{Res}[X(z)z^{n-1}]_{z=z_m}$$

$$= \sum_m \mathrm{Res}\left[\frac{z^3+2z^2+1}{z(z-1)(z-0.5)}z^{n-1}\right]_{z=z_m}$$

$n \geqslant 2, z_1 = 1, z_2 = 0.5$

$n = 0, z_1 = 1, z_2 = 0.5, z_{3,4} = 0$

$n = 1, z_1 = 1, z_2 = 0.5, z_3 = 0$

当 $n \geqslant 2$ 时,$x(n) = z^{n-2}\dfrac{z^3+2z^2+1}{z-0.5}\Big|_{z=1} + z^{n-2}\dfrac{z^3+2z^2+1}{z-1}\Big|_{z=0.5}$

$= 8 - 13 \times 0.5^n$

当 $n = 0$ 时,$x(n) = 2 \times \dfrac{\mathrm{d}}{\mathrm{d}z}\dfrac{z^3+2z^2+1}{(z-1)(z-0.5)}\Big|_{z=0} + 8 - 13 \times 0.5^0$

$= 6 + 8 - 13 = 1$

当 $n=1$ 时，$x(n)=\left.\dfrac{z^3+2z^2+1}{z(z-1)z-0.5}\right|_{z=0}+8-13\times0.5^1$

$=2+8-13\times0.5=3.5$

使用留数法求 z 反变换时需要注意以下几点：

(1)留数定理中的极点不是指 $X(z)$ 的极点，而是指 $F(z)=X(z)z^{n-1}$ 的极点；

(2)利用留数定理求 z 反变换时，先根据 $X(z)$ 的收敛域确定 $x(n)$ 的性质(左，右)，然后根据 $F(z)$ 的极点位置选择公式；

(3)注意 $X(z)$ 与 $F(z)=X(z)z^{n-1}$ 在 $z=0$ 处的极点的变化，当阶次大于 1 时，求留数则复杂一些。

(4) $X(z)$ 与 $F(z)=X(z)z^{n-1}$ 只在 $z=0$ 处的极点不同，其他处都相同。

第五节　应用 z 变换求解差分方程

利用 z 变换求解差分方程的方法将差分方程变成了代数方程，使求解过程简化。

设 N 阶线性常系数差分方程为

$$\sum_{k=0}^{N}a_k y(n-k)=\sum_{k=0}^{N}b_k x(n-k) \tag{6-3}$$

求稳态解和暂态解。

(1)求稳态解。

如果输入序列 $x(n)$ 是在 $n=0$ 以前∞时加上的，则 n 时刻的 $y(n)$ 是稳态解，对式(6-3)求 z 变换，得到

$$\sum_{k=0}^{N}a_k Y(z)z^{-k}=\sum_{k=0}^{N}b_k X(z)z^{-k}$$

$$Y(z)=\frac{\sum_{k=0}^{N}b_k z^{-k}}{\sum_{k=0}^{N}a_k z^{-k}}X(z)$$

$$Y(z)=H(z)X(z)$$

$$H(z)=\frac{\sum_{k=0}^{N}b_k z^{-k}}{\sum_{k=0}^{N}a_k z^{-k}}$$

$$y(n)=z^{-1}[Y(z)]$$

(2)求暂态解。

对于 N 阶差分方程，求暂态解必须已知 N 个初始条件。设 $x(n)$ 是因果序列，即 $x(n)=0$，$n<0$，已知初始条件 $y(-1)$，$y(-2)$，…，$y(-N)$，对式(6-3)进行 z 变换，注意这里要用单边 z 变换。在方程式的右边由于 $x(n)$ 是因果序列，单边 z 变换与双边 z 变换是相同的。下面求 $y(n)$ 移位序列的单边 z 变换。

设

$$Y(z) = \sum_{n=0}^{+\infty} y(n) z^{-n}$$

$$\begin{aligned}
ZT[y(n-m)u(n)] &= \sum_{n=0}^{+\infty} y(n-m) z^{-n} \\
&= z^{-m} \sum_{n=0}^{+\infty} y(n-m) z^{-(n-m)} \\
&= z^{-m} \sum_{k=-m}^{+\infty} y(k) z^{k} \\
&= z^{-m} \left[\sum_{k=0}^{+\infty} y(k) z^{-k} + \sum_{k=-m}^{-1} y(k) z^{-k} \right] \\
&= z^{-m} \left[Y(z) + \sum_{k=-m}^{-1} y(k) z^{-k} \right]
\end{aligned}$$

对式(6-3)进行单边 z 变换得

$$\sum_{k=0}^{N} a_k z^{-k} \left[Y(z) + \sum_{i=-k}^{-1} y(l) z^{-l} \right] = \sum_{k=0}^{M} b_k X(z) z^{-k}$$

$$Y(z) = \frac{\sum_{k=0}^{M} b_k z^{-k}}{\sum_{k=0}^{N} a_k z^{-k}} X(z) - \frac{\sum_{k=0}^{N} a_k z^{-k} \sum_{i=-k}^{-1} y(l) z^{-l}}{\sum_{k=0}^{N} a_k z^{-k}}$$

在 MATLAB 软件中,已知差分方程的系数、输入向量和初始条件,可以调用 filter 函数求解差分方程。

调用 filter 函数的格式为:

y = filter(b,a,x,xic)

其中参数 x 为输入向量,b、a 为差分方程的系数,xic 是等效初始状态输入数组。

确定等效初始状态输入数组 xic,可使用 Signal Processing toolbox 中的 filtic 函数。调用格式为:

y = filtic(b,a,y,x)

其中 $y=[y(-1),y(-2),\cdots,y(-N)]$,$x=[x(-1),x(-2),\cdots,x(-M)]$。

【例 6-4】 已知差分方程 $2y(n)-3y(n-1)+y(n-2)=2x(n)$,式中 $x(n)=(1/4)^n u(n)$,$y(-1)=4$,$y(-2)=10$,求全响应 $y(n)$。

解 MATLAB 程序如下:

```
n=[0:7];
x=(1/4).^n;
a=[2,-3,1];
b=[2];
y=[4,10];
xic=filtic(b,a,y);
y1=filter(b,a,x,xic);
y2=(1/3)*(1/4).^n+(1/2).^n+(2/3)*ones(1,8);    %这是直接将差分方程
```

z 变换后代入 $X(z)$ 求出 $Y(z)$，反变换后求出 $y(n)$。

执行结果为

```
xic =
1      -2
y1 =
2.0000 1.2500 0.9375 0.7969 0.7305 0.6982 0.6824 0.6745
y2 =
2.0000 1.2500 0.9375 0.7969 0.7305 0.6982 0.6824 0.6745
```

第六节　离散系统的系统函数

一、离散系统的系统函数的定义

我们知道，用单位脉冲响应 $h(n)$ 可以表示线性时不变离散系统，线性时不变系统的输入 $x(n)$ 与输出 $y(n)$ 之间的关系是：

$$y(n) = x(n) * h(n)$$

两边取 z 变换得

$$Y(z) = X(z)H(z)$$

则 $H(z) = \dfrac{Y(z)}{X(z)}$，$H(z)$ 为系统函数，它表征了系统的复频域特性。$H(z)$ 是单位脉冲响应的 z 变换，可以用 $H(z)$ 来描述线性时不变离散系统。

二、系统的零点和极点

离散系统的系统函数 $H(z)$ 通常为有理分式，可以表示为 z 的有理分式，即

$$H(z) = \frac{B(z)}{A(z)} = \frac{b_m z^m + b_{m-1}z^{m-1} + \cdots + b_1 z + b_0}{a_n z^n + a_{n-1}z^{n-1} + \cdots + a_1 z + a_0}$$

对分子和分母进行因式分解，得到

$$H(z) = \frac{b_m(z - z_1)(z - z_2)\cdots(z - z_m)}{(z - p_1)(z - p_2)\cdots(z - p_n)} = \frac{b_m \prod_{j=1}^{m}(z - z_j)}{\prod_{i=1}^{n}(z - p_i)}$$

使分子多项式为零的 z_j 就是系统的零点，使分母多项式为零的 p_i 就是系统的极点。通常情况下极点的位置对系统的性能影响非常大。

(一) 单位圆内极点

若 $H(z)$ 在单位圆内有一阶实极点 $p = a$，$|a| < 1$，则 $H(z)$ 的分母 $A(z)$ 中就有因子 $(z - a)$，$h(n)$ 中就含有形式为 $Aa^k u(n)$ 的项；若有二阶实极点 $p = a$，则 $A(z)$ 中就有因子 $(z - a)^2$，$h(n)$ 中就含有形式为 $Aka^{k-1}u(n)$ 的项，A 为实常数。

若 $H(z)$ 在单位圆内有一阶共轭复极点 $p_{1,2} = re^{\pm j\beta}$，$r < 1$，则 $A(z)$ 中就有因子 $(z - re^{j\beta})(z - re^{-j\beta})$，$h(n)$ 中就有形式为 $Ar^k\cos(\beta k + \theta)u(k)$ 的项；若有二阶共轭复极点 $p_{1,2} = re^{\pm j\beta}$，

则$A(z)$中就有因子$(z-re^{j\beta})^2(z-re^{-j\beta})^2$，$h(n)$中就有形式为$Akr^k\cos(\beta k+\theta)u(k)$的项。

若$H(z)$在单位圆内有二阶以上极点，这些极点对应的$h(n)$中的项也随n的增加而减小，最终趋于零。因此，$H(z)$在单位圆内的极点对应的$h(n)$中的响应都随n的增加而减小，最终趋于零。

(二)单位圆上极点

若$H(z)$在单位圆上有一阶实极点$p=\pm1$，则$A(z)$中就有因子$(z\pm1)$，$h(n)$中就有形式为$A(\pm1)^k u(k)$的项；若有二阶实极点$p=\pm1$，则$A(z)$中就有因子$(z\pm1)^2$，$h(n)$中就有$Ak(\pm1)^k u(k)$的项。

若$H(z)$在单位圆上有共轭复极点$p_{1,2}=e^{\pm j\beta}$，则$A(z)$中就有因子$(z-e^{j\beta})(z-e^{-j\beta})$，$h(n)$中就有形式为$A\cos(\beta k+\theta)u(k)$的项；若有二阶共轭复极点$p_{1,2}=e^{\pm j\beta}$，则$A(z)$中就有因子$(z-e^{j\beta})^2(z-e^{-j\beta})^2$，$h(n)$中就有形式为$Ak\cos(\beta k+\theta)u(k)$的项。

因此，$H(z)$在单位圆上的一阶极点对应的$h(n)$中的响应为阶跃序列或正弦序列；$H(z)$在单位圆上的二阶及二阶以上极点对应的$h(n)$中的响应都随n的增加而增大，最终趋于无穷大。

不同位置的极点产生的响应如图6-2所示。

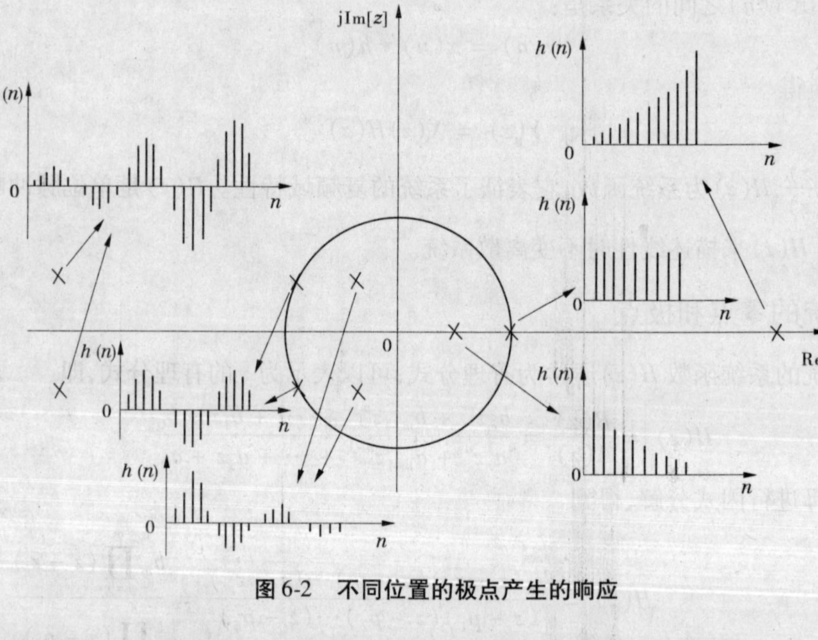

图6-2 不同位置的极点产生的响应

三、离散时间系统零极点分布图和系统幅频响应的MATLAB实现

系统函数$H(z)=\dfrac{Y(z)}{X(z)}$的分子与分母多项式也可以表示为z^{-1}的有理分式，即

$$H(z)=A\frac{\prod_{r=1}^{M}(1-c_r z^{-1})}{\prod_{r=1}^{N}(1-d_r z^{-1})} \tag{6-4}$$

式(6-4)中c_r是$H(z)$在z平面上的零点，d_r是$H(z)$在z平面上的极点，因此除比例常数A外，整个系统函数可以由全部零极点来唯一确定。下面我们采用几何方法研究系统零

极点分布对系统频率特性的影响。

将式(6-4)的分子和分母同乘以 z^{N+M},得到

$$H(z) = Az^{N-M}\frac{\prod_{r=1}^{M}(z-c_r)}{\prod_{r=1}^{N}(z-d_r)}$$

$$H(e^{j\omega}) = Ae^{j\omega(N-M)}\frac{\prod_{r=1}^{M}(e^{j\omega}-c_r)}{\prod_{r=1}^{N}(e^{j\omega}-d_r)} = |H(e^{j\omega})|e^{j\varphi(\omega)} \tag{6-5}$$

在 z 平面上,$e^{j\omega}-c_r$ 用一个由零点 c_r 指向单位圆上 $e^{j\omega}$ 点 B 的向量 $\overrightarrow{c_rB}$ 表示,同样 $e^{j\omega}-d_r$ 用一个由极点 d_r 指向单位圆上 $e^{j\omega}$ 点 B 的向量 $\overrightarrow{d_rB}$ 表示,如图 6-3 所示。

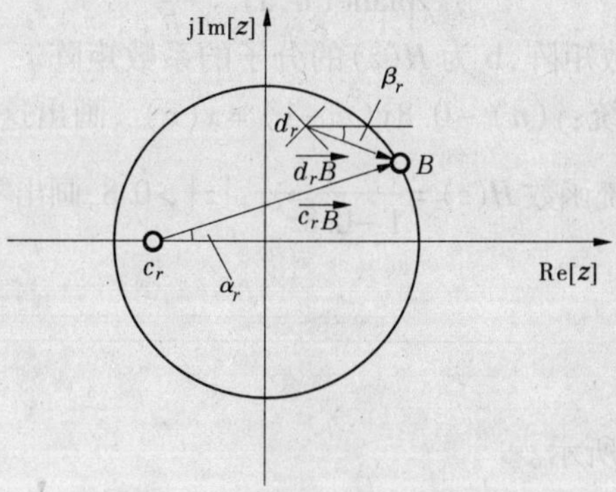

图 6-3　零点矢量和极点矢量

$\overrightarrow{c_rB}$ 和 $\overrightarrow{d_rB}$ 分别称为零点矢量和极点矢量,即 $\begin{cases}\overrightarrow{c_rB} = e^{j\omega}-c_r \\ \overrightarrow{d_rB} = e^{j\omega}-d_r\end{cases}$。将 $\overrightarrow{c_rB}$ 和 $\overrightarrow{d_rB}$ 的表达式代入式(6-5),得到

$$H(e^{j\omega}) = Ae^{j\omega(N-M)}\frac{\prod_{r=1}^{M}\overrightarrow{c_rB}}{\prod_{r=1}^{N}\overrightarrow{d_rB}} = |H(e^{j\omega})|e^{j\varphi(\omega)}$$

$$\begin{cases}|H(e^{j\omega})| = A\dfrac{\prod_{r=1}^{N}c_rB}{\prod_{r=1}^{N}d_rB} \\ \varphi(\omega) = \sum_{r=1}^{N}\alpha_r - \sum_{r=1}^{N}\beta_r + \omega(N-M)\end{cases} \tag{6-6}$$

系统的传输特性或者信号的频率特性由式(6-6)确定。当频率 ω 从 0 变化到 2π 时,这些向量的终点 B 沿单位圆逆时针旋转一周,按照式(6-6)分别估算出系统的幅度特性和相位特性。图 6-4 表示了具有一个零点和二个极点的系统的频率特性。

在 MATLAB 中可调用函数 zplane,画出零极点分布图。

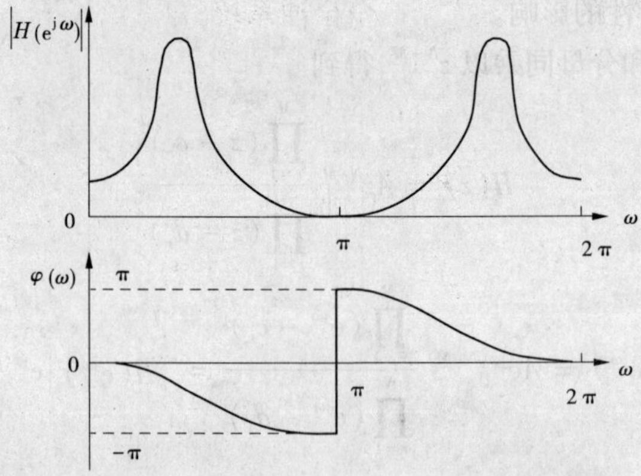

图 6-4　具有一个零点和二个极点的系统的频率特性

调用格式为

zplane(b,a)

其中 a 为 $H(z)$ 的分母的系数矩阵，b 为 $H(z)$ 的分子的系数矩阵。

【例 6-5】　已知因果系统：$y(n)-0.8y(n-1)=x(n)$，画出这个系统的零极点分布图。

解　由差分方程可求系统函数 $H(z)=\dfrac{1}{1-0.8z^{-1}}$，$|z|>0.8$，画出零极点分布图的程序如下：

```
b=[1,0];
a=[1,-0.8];
zplane(b,a);
```

零极点分布图如图 6-5 所示。

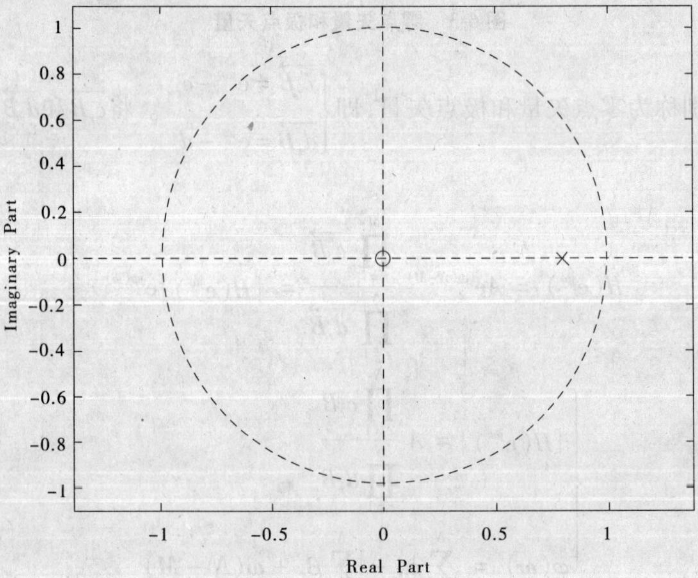

图 6-5　零极点分布图

【例 6-6】　已知线性移不变因果系统的系统函数 $H(z)=\dfrac{1-a^{-1}z^{-1}}{1-az^{-1}}$，其中 a 为实数。求：

(1) 如果 $0<a<1$，画出零极点分布图。

（2）在 z 平面用图解证明该系统是一个全通系统，即频率响应的幅度为一常数。

解 （1）画出零极点分布图，如图 6-6 所示，零点 $z=1/a$，极点 $z=a$。

（2）如图 6-6 所示，根据余弦定理，可以有

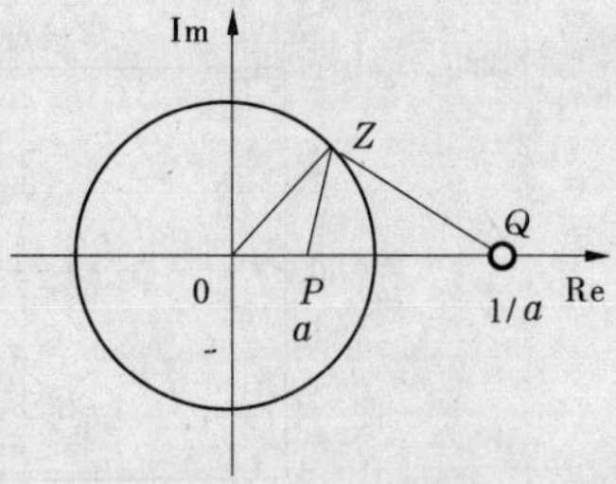

图 6-6　例 6-6 图

$$PZ = \sqrt{a^2 - 2a\cos\omega + 1}$$

$$QZ = \sqrt{(\frac{1}{a})^2 - 2\frac{1}{a}\cos\omega + 1}$$

$$= \frac{1}{a}\sqrt{1 - 2a\cos\omega + a^2}$$

这样
$$|H(e^{j\omega})| = \frac{QZ}{PZ} = \frac{1}{a}$$

在 MATLAB 中，有专门求冲激响应并绘制其时域波形的函数 impz。

调用格式为：

```
y = impz(b,a,n)          % 这是求数值解
impz(b,a,n)              % 这是绘制其时域波形
```

求系统的阶跃响应，可利用 filter 函数，输入信号为全 1 矩阵：x = ones(1,n)。

利用 freqz 函数可直接画出系统的频率响应的幅频特性、相频特性，即绘出传递函数。

【例 6-7】　已知某线性非时变系统的传递函数为

$$H(z) = \frac{1 - z^{-1} - 2z^{-2}}{1 + 1.5z^{-1} - z^{-2}}$$

试用 MATLAB 在 z 平面中画出 $H(z)$ 的零点和极点，以及系统的幅度响应。

解　MATLAB 程序如下：

```
b = [1, -1, -2];
a = [1, 1.5, -1];
%figure
subplot(221) ;
zplane(b,a) ;
xlabel('虚部') ;
ylabel('实部') ;
title('零极点分布图') ;
[H, w] = freqz(b, a, 250);
%figure
subplot(222) ;
plot(w, abs(H)) ;
xlabel('频率') ;
ylabel('幅度') ;
title('幅频响应图');
```

运行程序得到系统的零极点分布及幅频响应如图 6-7 所示。

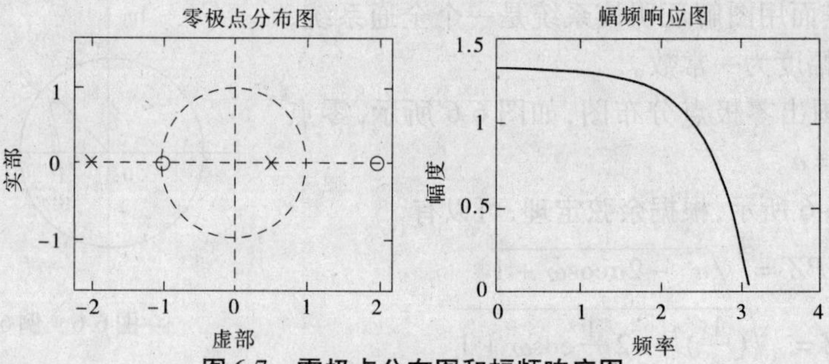

图 6-7　零极点分布图和幅频响应图

【例 6-8】　已知 $H(z)=\dfrac{z}{z-0.5}$，绘制系统的频率响应曲线。

解　MATLAB 程序如下：

```
num = [1, 0];
den = [1,-0.5];
omega = -pi: pi/150: pi;
H = freqz(num,den, omega);
subplot(211), plot(omega, abs(H));
xlabel('频率') ;
ylabel('幅度') ;
title('频谱图') ;
subplot(212), plot(omega,180/pi * unwrap(angle(H)));
xlabel('频率') ;
ylabel('相位') ;
title('相位图') ;
```

运行程序得到系统的频率响应曲线如图 6-8 所示。

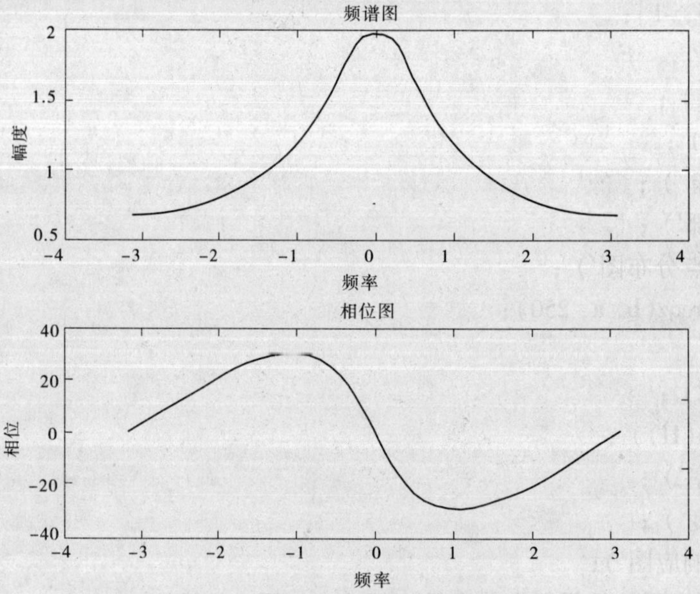

图 6-8　系统的频率响应曲线

第七节 线性离散系统的因果稳定性

一、线性离散系统的稳定性

稳定系统是指对于每个有界输入 $x(n)$，都产生有界输出 $y(n)$ 的系统。即如果 $|x(n)| \leq M$（M 为正常数），有 $|y(n)| < +\infty$，则该系统被称为稳定系统。根据线性时不变系统稳定性的充分必要条件 $\sum\limits_{n=-\infty}^{+\infty} |h(n)| = P < +\infty$，因为 $H(z) = \sum\limits_{n} h(n)z^{-n}$，$H(z)$ 的收敛域是那些能让 $|H(z)|$ 为有限值的 z 的集合，即收敛域由能够使 $|\sum\limits_{n} h(n)z^{-n}| < +\infty$ 的值组成。要使 $\sum\limits_{n=-\infty}^{+\infty} |h(n)| = P < +\infty$ 成立，只需要当 $z=1$ 时，$|\sum\limits_{n} h(n)z^{-n}| < +\infty$ 等于 $\sum\limits_{n=-\infty}^{+\infty} |h(n)| = P < +\infty$。也就是说，只要收敛域包括单位圆时，系统就是稳定的。

朱里提出了一种列表的方法来判断 $H(z)$ 的极点是否全部在单位圆内，这种方法称为朱里准则。朱里准则是根据 $H(z)$ 的分母 $A(z)$ 的系数列成的表来判断 $H(z)$ 的极点位置的，该表又称朱里排列。

设 n 阶离散系统的 $H(z) = \dfrac{B(z)}{A(z)}$，其中 $A(z) = a_n z^n + a_{n-1}z^{n-1} + a_{n-2}z^{n-2} + \cdots + a_1 z + a_0$，朱里排列如下：

$$
c_{n-1} = \left|\begin{array}{ccccccc}
a_n & a_{n-1} & a_{n-2} & \cdots & a_2 & a_1 & a_0 \\
a_0 & a_1 & a_2 & \cdots & a_{n-2} & a_{n-1} & a_n \\
c_{n-1} & c_{n-2} & \cdots & c_2 & c_1 & c_0 & \\
c_0 & c_1 & c_2 & \cdots & c_{n-2} & c_{n-1} & \\
d_{n-2} & \cdots & d_2 & d_1 & d_0 & & \\
d_0 & d_1 & d_2 & \cdots & d_{n-2} & & \\
\vdots & \vdots & \vdots & \vdots & & & \\
r_2 & r_1 & r_0 & & & &
\end{array}\right|
$$

朱里排列共有 $2n-3$ 行。第 1 行为 $A(z)$ 的各项系数，从 a_n 到 a_0 依次排列。第 2 行是第 1 行的倒排，若系数中某项为零，则用零替补。第 3 行及以后各行的元素按以下规则计算：

$$
c_{n-1} = \begin{vmatrix} a_n & a_0 \\ a_0 & a_n \end{vmatrix}, c_{n-2} = \begin{vmatrix} a_n & a_1 \\ a_0 & a_{n-1} \end{vmatrix}, c_{n-3} = \begin{vmatrix} a_n & a_2 \\ a_0 & a_{n-2} \end{vmatrix}, \cdots
$$

$$
d_{n-2} = \begin{vmatrix} c_{n-1} & c_0 \\ c_0 & c_{n-1} \end{vmatrix}, d_{n-3} = \begin{vmatrix} c_{n-1} & c_1 \\ c_0 & c_{n-2} \end{vmatrix}, d_{n-4} = \begin{vmatrix} c_{n-1} & c_2 \\ c_0 & c_{n-3} \end{vmatrix}, \cdots
$$

朱里准则：$A(z)=0$ 的根，即 $H(z)$ 的极点全部在单位圆内的充分必要条件为

$$\begin{cases} A(1) = A(z)|_{z=1} > 0 \\ (-1)^n A(-1) > 0 \\ a_n > |c_0| \\ a_{n-1} > |c_0| \\ a_{n-2} > |d_0| \\ \cdots \\ r_2 > |r_0| \end{cases}$$

【例 6-9】 已知离散系统的系统函数 $H(z)=\dfrac{z^2+z+3}{12z^3-16z^2+7z-1}$,判断这个系统的稳定性。

解 $H(z)$的分母 $A(z)=12z^3-16z^2+7z-1$,对 $A(z)$的系数进行朱里排列,得

12	−16	7	−1
−1	7	−16	12
c_2	c_1	c_0	

$$c_2=\begin{vmatrix}12 & -1\\ -1 & 12\end{vmatrix}=143$$

$$c_1=\begin{vmatrix}12 & 7\\ -1 & -16\end{vmatrix}=-185$$

$$c_0=\begin{vmatrix}12 & -16\\ -1 & 7\end{vmatrix}=68$$

可知

$A(1)=2>0,(-1)^3A(-1)=36>0,c_2>|c_0|$

根据朱里准则,$H(z)$所有极点位于$|z|<1$内,系统是稳定的。

二、线性离散系统的因果性

如果系统 n 时刻的输出,只取决于 n 时刻以及 n 时刻以前的输入序列,而和 n 时刻以后的输入序列无关,则称该系统具有因果性质,或称该系统为因果系统。如果系统 n 时刻的输出还取决于 n 时刻以后的输入序列,在时间上违背了因果性,系统无法实现,则系统被称为非因果系统。因此,系统的因果性是指系统的可实现性。

线性时不变系统具有因果性的充分必要条件是系统的单位脉冲响应满足

$$h(n)=0,\ n<0$$

因果系统的单位脉冲响应 $h(n)$一定满足当 $n<0$ 时,$h(n)=0$,那么其系统函数 $H(z)$的收敛域一定包含∞点,即∞点不是极点,极点分布在某个圆内,收敛域在某个圆外。

如果系统是因果稳定系统,收敛域包含∞点和单位圆,那么收敛域可表示为

$$r<|z|\leqslant\infty,\ 0<r<1$$

若线性时不变系统是因果稳定系统,则系统函数的收敛域为 $1\leqslant|z|\leqslant\infty$,即系统全部极点在 z 平面单位圆以内。$1\leqslant|z|\leqslant\infty$ 并不是 $H(z)$的收敛域,只是如果由 $H(z)$所表征的系统是因果稳定系统,就要让 $H(z)$的收敛域包括 $1\leqslant|z|\leqslant\infty$,实际收敛域为 $R_-<|z|\leqslant\infty$,$R_-<1$。如果在单位圆上或单位圆外有极点,则系统收敛域里不能包括极点,这样系统

收敛域就不能包括单位圆，则系统不稳定。

【例 6-10】 某一线性时不变系统的差分方程为 $y(n)-(5/2)y(n-1)+y(n-2)=x(n)$，讨论这个系统的因果稳定性。

解 系统函数为

$$H(z)=\frac{1}{1-(5/2)z^{-1}+z^{-2}}=\frac{1}{[1-(1/2)z^{-1}](1-2z^{-1})}$$

有 3 种可能的收敛域选择：

(1)系统若是因果系统，则 $|z|>2$，系统是不稳定系统；

(2)系统若是稳定系统，则 $1/2<|z|<2$，系统是非因果系统；

(3)若 $|z|<1/2$，则系统既非因果系统又非稳定系统。

小 结

本章主要讲述了 z 变换的定义、收敛域(ROC)的概念，以及 z 变换的性质、z 变换及 z 反变换的计算方法，并且使用 z 变换分析离散系统。本章还讲述了系统函数 $H(z)$ 及 $H(z)$ 与离散系统因果性、稳定性的关系，并用 MATLAB 软件对 $H(z)$ 的零极点分布图以及零极点和离散系统的频率响应 $H(e^{j\omega})$ 的关系进行了分析。

习 题

6-1 已知有限长序列 $y(n)=u(n+1)-u(n-2)$，求 $y(n)$ 的双边 z 变换及其收敛域。

6-2 已知 $x(n)=-a^n u(-n-1)$，求 $x(n)$ 的 z 变换及其收敛域。

6-3 已知 $X(z)=(1-az^{-1})^{-1}$，求 $x(n)$ 的 z 变换及其收敛域。

6-4 已知 $X(z)=\frac{1-a^2}{(1-az)(1-az^{-1})}$，$|a|<1$，求 $x(n)$ 的 z 变换及其收敛域。

6-5 已知系统差分方程 $y(n)+0.35y(n-1)-0.12y(n-2)=x(n)-x(n-1)$，输入序列 $x(n)=0.5^n$，初始条件 $y(-1)=6$，$y(-2)=-12$。

(1)进行系统的时域分析，要求实现系统的单位样值响应，零输入响应，零状态响应。

(2)进行系统的频率域分析，要求绘制系统的零极点分布图、幅频响应和相频响应曲线，由此分析系统的性质和功能。

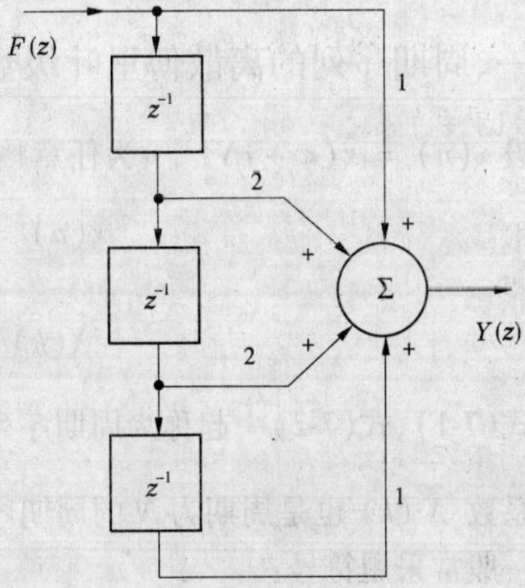

图 6-9 题 6-6 图

6-6 一横向数字滤波器如图 6-9 所示。

(1)求滤波器的频率响应。

(2)若输入信号为连续信号 $x(t)=1+2\cos(\Omega_0 t)+3\cos(2\Omega_0 t)$，经取样得到离散序列 $x(n)$，已知信号频率 $f_0=100$ Hz，取样 $f_S=600$ Hz，求滤波器的稳态输出 $y_{ss}(n)$。

第七章　离散傅里叶变换及其快速算法

第一节　引　言

前面讨论了序列的傅里叶变换和 z 变换。对于有限长序列，在信号处理技术中还有一种非常重要的工具是离散傅里叶变换(DFT)。离散傅里叶变换作为有限长序列的一种傅里叶表示法在理论上相当重要，而且由于存在着计算傅里叶变换的有效快速算法——快速傅里叶变换，因而离散傅里叶变换在各种信号处理算法中起着核心作用。

我们知道，傅里叶变换就是建立以时间为自变量的信号与以频率为自变量的频谱函数之间的某种变换关系。所以，当自变量时间或频率取连续值或离散值时，就形成了各种不同形式的傅里叶变换对：连续时间、连续频率——傅里叶变换，连续时间、离散频率——傅里叶级数，离散时间、连续频率——序列的傅里叶变换，离散时间、离散频率——离散傅里叶变换。

前三种变换中至少在一个域(时域或频域)中函数是连续的，所以都不适于在计算机上运算。而离散傅里叶变换时域和频域都是离散的，因而适合在计算机上运算，从而得到了广泛应用。

第二节　离散傅里叶变换的定义

一、周期序列的离散傅里叶级数(DFS)

设 $\tilde{x}(n) = \tilde{x}(n+rN)$，$r$ 为任意整数，则 $\tilde{x}(n)$ 可展开成如下的离散傅里叶级数，即

$$\tilde{x}(n) = \frac{1}{N}\sum_{k=0}^{N-1}\tilde{X}(k)e^{j\frac{2\pi}{N}kn} \tag{7-1}$$

$$\tilde{X}(k) = \sum_{n=0}^{N-1}\tilde{x}(n)e^{-j\frac{2\pi}{N}kn} \tag{7-2}$$

式(7-1)、式(7-2)一起称为周期序列的离散傅里叶级数对。由式子可以看出：$\tilde{x}(n)$ 的谐波系数 $\tilde{X}(k)$ 也是周期为 N 的周期序列。

一般常采用符号：

$$W_N = e^{-j\frac{2\pi}{N}}$$

则式(7-1)、式(7-2)可表示成：

正变换

$$\tilde{X}(k) = \mathrm{DFS}[\tilde{x}(n)] = \sum_{n=0}^{N-1}\tilde{x}(n)e^{-j\frac{2\pi}{N}nk} = \sum_{n=0}^{N-1}\tilde{x}(n)W_N^{nk} \tag{7-3}$$

反变换

$$\tilde{x}(n) = \mathrm{IDFS}[\widetilde{X}(k)] = \frac{1}{N}\sum_{n=0}^{N-1}\widetilde{X}(k)\mathrm{e}^{\mathrm{j}\frac{2\pi}{N}nk} = \frac{1}{N}\sum_{n=0}^{N-1}\widetilde{X}(k)W_N^{-nk} \tag{7-4}$$

式中，DFS[ ]表示离散傅里叶级数正变换，IDFS[ ]表示离散傅里叶级数反变换。

二、周期序列与有限长序列的关系

从式(7-3)、式(7-4)可以看出，只要知道周期序列的一个周期内容，则它的全部内容也都知道了。所以，只有 N 个序列值(而不是无穷个序列值)有信息。因而，周期序列与有限长序列有着本质的联系。

我们可以把长度为 N 的有限长序列 $x(n)$ 看做周期为 N 的周期序列的一个周期，即

$$x(n) = \begin{cases}\tilde{x}(n), & 0 \leqslant n \leqslant N-1 \\ 0, & n\text{ 取其他值}\end{cases} \tag{7-5}$$

$$\tilde{x}(n) = \sum_{r=-\infty}^{\infty} x(n+rN) \tag{7-6}$$

通常把 $\tilde{x}(n)$ 的第一个周期 $n=0$ 到 $n=N-1$ 定义为主值区间，故 $x(n)$ 是 $\tilde{x}(n)$ 的主值序列，可以写成

$$\tilde{x}(n) = x((n))_N \tag{7-7}$$

$$x(n) = \tilde{x}(n)R_N(n) \tag{7-8}$$

三、有限长序列的离散傅里叶变换

有限长序列 $x(n)$ 的离散傅里叶变换定义如下：

正变换 $$X(k) = \mathrm{DFT}[x(n)] = \sum_{n=0}^{N-1}x(n)W_N^{nk} \tag{7-9}$$

反变换 $$x(n) = \mathrm{IDFT}[X(k)] = \frac{1}{N}\sum_{k=0}^{N-1}X(k)W_N^{-nk} \tag{7-10}$$

可以看出，$x(n)$ 和 $X(k)$ 都是长度为 N 的有限长序列，都有 N 个独立值，所以信息等量。

由于周期序列和有限长序列存在式(7-7)、式(7-8)所示关系，所以：

$$X(k) = \sum_{n=0}^{N-1}x(n)W_N^{nk}R_N(k) = \widetilde{X}(k)R_N(k) \tag{7-11}$$

$$x(n) = \frac{1}{N}\sum_{k=0}^{N-1}X(k)W_N^{-nk}R_N(n) = \tilde{x}(n)R_N(n) \tag{7-12}$$

点数为 N 的有限长序列和周期为 N 的周期序列，都是由 N 个值来定义的，所以凡是说到离散傅里叶变换关系之处，有限长序列都是作为周期序列的一个周期来表示的，都隐含周期性意义。

四、离散傅里叶变换与 z 变换的关系

设序列 $x(n)$ 的长度为 N，其 z 变换和离散傅里叶变换分别为

$$X(z) = \sum_{k=0}^{N-1}x(n)z^{-n}$$

$$X(k) = \text{DFT}[x(n)] = \sum_{k=0}^{N-1} x(n) W_N^{-kn}, 0 \leqslant k \leqslant N-1$$

比较以上两式可得

$$X(k) = X(z)\big|_{z=e^{j\frac{2\pi}{N}k}}, 0 \leqslant k \leqslant N-1$$

所以,序列 $x(n)$ 的 N 点离散傅里叶变换是 $x(n)$ 的 z 变换在单位圆上的 N 点等间隔采样。有限长序列 $x(n)$ 的长度 N 不同,$X(z)$ 在单位圆上的采样间隔和点数不同。

第三节　离散傅里叶变换的性质

一、线性

设两个有限长序列为 $x_1(n)$ 和 $x_2(n)$,则

$$\text{DFT}[ax_1(n) + bx_2(n)] = aX_1(k) + bX_2(k)$$

其中 a,b 为任意常数。

注意:

(1)如果 $x_1(n)$ 和 $x_2(n)$ 皆为 N 点,即在 $0 \leqslant n \leqslant N-1$ 范围内有值,则 $aX_1(k) + bX_2(k)$ 也是 N 点。

(2)若 $x_1(n)$ 和 $x_2(n)$ 的点数不等,设 $x_1(n)$ 为 N_1 点,而 $x_2(n)$ 为 N_2 点,则 $aX_1(k) + bX_2(k)$ 应为 $N = \max[N_1, N_2]$ 点。

因此,离散傅里叶变换必须按 N 计算。例如,若 $N_1 < N_2$,则取 $N = N_2$,那么需将 $x_1(n)$ 补上 $N_2 - N_1$ 个零值后变为 N_2 点的序列,然后都做 N_2 点的离散傅里叶变换,即

$$X_1(k) = \sum_{n=0}^{N_2-1} x_1(n) W_{N_2}^{kn} R_{N_2}(k) = \sum_{n=0}^{N_2-1} x_1(n) e^{-j\frac{2\pi}{N_2}nk} R_{N_2}(k)$$

$$X_2(k) = \sum_{n=0}^{N_2-1} x_2(n) W_{N_2}^{kn} R_{N_2}(k) = \sum_{n=0}^{N_2-1} x_2(n) e^{-j\frac{2\pi}{N_2}nk} R_{N_2}(k)$$

二、圆周移位特性

(一)序列的圆周移位

一个有限长序列的圆周移位是指以它的点数 N 为周期,将其延拓成周期序列 $\tilde{x}(n)$,将周期序列 $\tilde{x}(n)$ 加以移位,然后取主值区间($n = 0$ 到 $n = N-1$)上的序列值,即

$$x_m(n) = x((n+m))_N R_N(n)$$

这一过程如图 7-1 所示。

(二)圆周移位定理

有限长序列为 $x(n)$,$0 \leqslant n \leqslant N-1$,若 $x_m(n) = x((n+m))_N R_N(n)$,则

$$X_m(k) = \text{DFT}[x_m(n)] = W_N^{-mk} X(k) \tag{7-13}$$

同样,对于频域的有限长序列 $X(k)$,利用频域与时域的对偶关系,有以下频域圆周移位性质,即若

$$X(k) = \text{DFT}[x(n)]$$

则

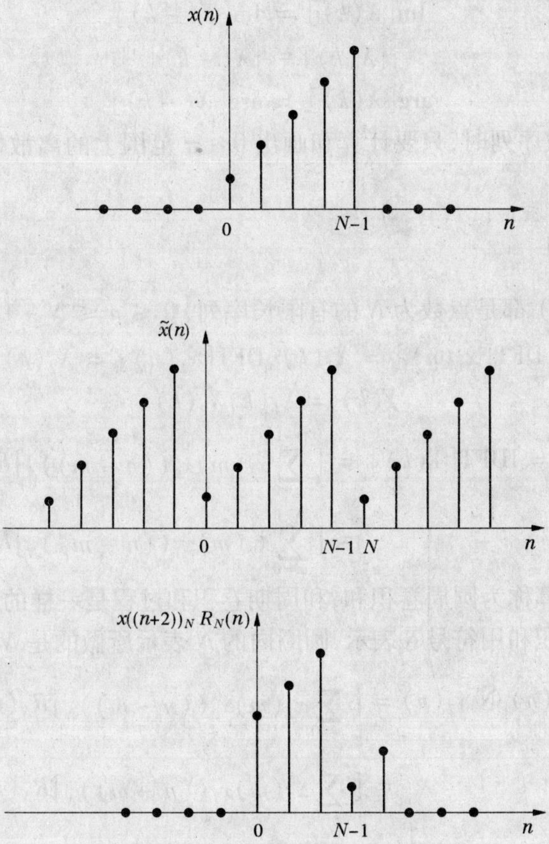

图 7-1　序列的圆周移位过程（$N=5$）

$$\mathrm{IDFT}[X((k+l))_N R_N(k)] = W_N^{nl} x(n) \tag{7-14}$$

这就是调制特性，它说明时域序列的调制等效于频域的圆周移位。

$$\mathrm{DFT}[x(n)\cos(\frac{2\pi nl}{N})] = \frac{1}{2}[X((k-l))_N + X((k+l))_N]R_N(k) \tag{7-15}$$

$$\mathrm{DFT}[x(n)\sin(\frac{2\pi nl}{N})] = \frac{1}{2\mathrm{j}}[X((k-l))_N - X((k+l))_N]R_N(k) \tag{7-16}$$

三、共轭对称性

（一）共轭性

若 $x^*(n)$ 是有限长序列 $x(n)$ 的共轭复序列，长度为 N，且 $X(k) = \mathrm{DFT}[x(n)]$，则

$$\mathrm{DFT}[x^*(n)] = X^*(N-k), 0 \leqslant k \leqslant N-1 \tag{7-17}$$

且 $X(n) = X(0)$ 。

同样可知

$$\mathrm{DFT}[x^*(N-n)] = X^*(k) \tag{7-18}$$

（二）对称性

若 $x(n)$ 是实数序列，则

$$\mathrm{Re}[X(k)] = \mathrm{Re}[X(-k)]$$

$$\mathrm{Im}[X(k)] = \mathrm{Im}[X(-k)]$$

$$|X(k)| = |X(-k)|$$

$$\arg[X(k)] = \arg[X(-k)]$$

因此,在分析实数序列时,只要计算和画出 $0 \sim \pi$ 范围上的离散傅里叶变换的幅频、相频特性即可。

四、圆周卷积和

设 $x_1(n)$ 和 $x_2(n)$ 都是点数为 N 的有限长序列,$0 \leqslant n \leqslant N-1$,且

$$\mathrm{DFT}[x_1(n)] = X_1(k), \mathrm{DFT}[x_2(n)] = X_2(k)$$

若

$$Y(k) = X_1(k)X_2(k)$$

则

$$y(n) = \mathrm{IDFT}[Y(k)] = \left[\sum_{m=0}^{N-1} x_1(m)x_2((n-m))_N\right]R_N(n)$$

$$= \left[\sum_{m=0}^{N-1} x_2(m)x_1((n-m))_N\right]R_N(n) \tag{7-19}$$

式(7-19)中的运算称为圆周卷积和,和周期卷积和过程是一样的,只不过这里要取结果的主值序列。圆周卷积和用符号Ⓝ表示,圆圈内的 N 表示所做的是 N 点圆周卷积和。

$$x_1(n) \circledN x_2(n) = \left[\sum_{m=0}^{N-1} x_1(m)x_2((n-m))_N\right]R_N(n)$$

$$= \left[\sum_{m=0}^{N-1} x_2(m)x_1((n-m))_N\right]R_N(n)$$

$$= x_2(n) \circledN x_1(n) \tag{7-20}$$

五、帕斯维尔定理

如果 $x(n)$ 的离散傅里叶变换为 $X(k)$,那么

$$\sum_{n=-\infty}^{\infty} |x(n)|^2 = \frac{1}{N}\sum_{k=-\infty}^{\infty} |X(k)|^2$$

该定理指出,信号在时域中的总能量等于在频域中的总能量。

第四节 离散傅里叶变换的应用

一、利用离散傅里叶变换计算线性卷积

时域圆周卷积在频域上相当于两序列的离散傅里叶变换的相乘,因而可以采用离散傅里叶变换的快速算法——快速傅里叶变换(FFT)算法计算圆周卷积。但是一般实际问题(例如信号通过线性时不变系统)都是线性卷积运算。如果信号和系统的单位脉冲响应都是有限长序列,那么如何用圆周卷积来代替线性卷积呢?

设 $x_1(n)$ 是 N_1 点的有限长序列,$x_2(n)$ 是 N_2 点的有限长序列。它们的线性卷积为

$$y_l(n) = \sum_{m=-\infty}^{\infty} x_1(m)x_2(n-m) = \sum_{m=0}^{N-1} x_1(m)x_2(n-m) \tag{7-21}$$

其中 $x_1(m)$ 的非零区间 $0 \leqslant m \leqslant N_1 - 1$，$x_2(n-m)$ 的非零区间 $0 \leqslant n-m \leqslant N_2 - 1$，故

$$0 \leqslant n \leqslant N_1 + N_2 - 2$$

所以 $y_l(n)$ 是 $N_1 + N_2 - 1$ 点的有限长序列。

用圆周卷积计算线性卷积的条件如下：

若 $L \geqslant N_1 + N_2 - 1$，则 $x_1(n) * x_2(n) = x_1(n) \text{Ⓛ} x_2(n)$

二、利用 DFT 计算模拟信号的傅里叶变换(级数)

当已知连续模拟信号的数学表达式时，信号的频谱密度可以利用解析法精确求解；当不知道其数学表达式时，可以用数值计算法进行近似分析。但实际上，通过计算机利用 DFT 对信号进行分析与合成是当前主要的应用方法。

(一)对连续时间非周期信号的傅里叶变换的 DFT 逼近

连续时间非周期信号 $x(t)$ 的傅里叶变换对为

$$X(\mathrm{j}\Omega) = \int_{-\infty}^{\infty} x(t)\mathrm{e}^{-\mathrm{j}\Omega t}\mathrm{d}t \tag{7-22}$$

$$x(t) = \frac{1}{2\pi}\int_{-\infty}^{\infty} X(\mathrm{j}\Omega)\mathrm{e}^{\mathrm{j}\Omega t}\mathrm{d}\Omega \tag{7-23}$$

用 DFT 计算这一对变换的方法如下：

第一步，时域抽样、截断。

将 $x(t)$ 在 t 轴上等间隔(宽度为 T)分段，得到序列 $x(n)$，即

$$x(t)\big|_{t=nT} = x(nT) = x(n)$$

并将序列 $x(n)$ 截断成从 $t=0$ 开始、长度为 T_0 的有限长序列，包含 N 抽样。

第二步，频域抽样。

将频域的一个周期(f_s)也分成 N 段，即取 N 个样点，$f_s = Nf_0$，每个样点间的间隔为 f_0。

第三步，得到连续非周期信号的傅里叶变换的抽样值。

$$X(\mathrm{j}k\Omega_0) = X(\mathrm{j}\Omega)\big|_{\Omega=k\Omega_0} \approx T\,\mathrm{DFT}[x(n)] \tag{7-24}$$

$$x(n) = x(t)\big|_{t=nT} \approx \frac{1}{T}\,\mathrm{IDFT}[x(\mathrm{j}k\Omega_0)] \tag{7-25}$$

第四步，由 $X(\mathrm{j}k\Omega_0)$ 及 $x(n)$ 的样值点求 $X(\mathrm{j}\Omega)$ 及 $x(t)$。

类似地，利用离散傅里叶变换对连续时间周期信号 $x(t)$ 的傅里叶级数的逼近公式如下：

$$X(\mathrm{j}k\Omega_0) \approx \frac{1}{N}\,\mathrm{DFS}[x(n)] \tag{7-26}$$

$$x(nT) = x(t)\big|_{t=nT} \approx N\,\mathrm{IDFS}[x(\mathrm{j}k\Omega_0)] \tag{7-27}$$

(二)利用 DFT 计算连续时间信号时可能出现的问题

为了能在计算机上分析连续时间信号的频谱，常常用 DFT 来逼近连续时间信号的傅里叶变换，但同时产生以下问题。

1. 频率响应的混叠失真

根据抽样定理，当信号最高频率为 f_h 时，抽样频率应满足

$$f_s > 2f_h$$

即采样间隔 T 满足

$$T = \frac{1}{f_s} < \frac{1}{2f_h}$$

一般取

$$f_s = (2.5 \sim 3)f_h$$

如果不满足 $f_s > 2f_h$，就会导致频率响应的周期延拓分量互相重叠，也就是产生频率响应的混频失真。

对于 DFT 来说，频域也要抽样才能变成离散序列。设频域抽样间隔为 f_0，对应的时间函数周期也即时域记录长度为 $T_0 = 1/f_0$。

由于采样点数 N 满足

$$N = \frac{T_0}{T} = \frac{f_s}{f_0}$$

因此若 N 固定，为避免混频失真，一味提高采样频率 f_s，必然导致 f_0 增加，即分辨力下降；反之，若提高分辨力，即减小 f_0，必然导致减小时域 f_s，最终导致减小信号的高频容量。

以上两点都是在记录长度内采样点数 N 给定的条件下实现的，所以在高频容量和分辨力中，保持一个不变而提高另一个性能的唯一办法是，增加记录长度内的采样点数 N，使它满足

$$N > \frac{2f_h}{f_0}$$

这是在未采取任何特殊数据处理情况下，为实现 DFT 算法的必要条件。

信号最高频率，可以通过观测或记录下的某一段时间的波形，令变化最快的两相邻峰谷点的间隔为半周期，进行估算。

【例 7-1】 有一进行频谱分析的信号处理器，采样点数必须为 2 的整数次幂，若无数据处理措施，要求频率分辨力小于 10 Hz，采样间隔为 0.1 ms，试求：

(1)最小记录长度；

(2)所能处理的信号的最高频率；

(3)在一个记录中的最少点数。

解 (1)根据分辨力要求可确定最小记录长度为

$$T_0 = \frac{1}{f_0} = \frac{1}{10} = 0.1(\mathrm{s})$$

(2)根据采样间隔要求可得所能处理信号的最高频率为

$$f_h < 0.5f_s = \frac{1}{2T} = \frac{1}{2 \times 0.1 \times 10^{-3}} = 5\,000$$

(3)最小记录点数为

$$N = \frac{T_0}{T} = \frac{0.1}{0.1 \times 10^{-3}} = 1\,000$$

所以，满足 2 的整数次幂的最小记录点数为

$$N = 2^{10} = 1\,024$$

2. 频谱泄露

实际中，通常把观测信号在一定的时间间隔内截断，在数学意义上相当于原观测信号乘了一个窗函数。在时域上两信号相乘相当于在频域上把观测信号频谱与窗函数频谱进行周期卷积，由于窗函数不可能无限宽，即其频谱不可能是冲激函数，两个频谱进行周期卷积造成频谱加宽扩散，产生拖尾现象，造成频谱泄露。

扩散后的最高频率可能使得抽样频率不再满足抽样定理条件，而出现混频失真。改善的主要方法是加宽窗函数，取更长数据，但是运算量和存储量将增大；其次是选择适当形式的窗函数，如可以用加缓变的三角窗、升余弦窗等对时域信号截断，减少窗谱旁瓣能量，减小泄露。

3. 栅栏效应

用 DFT 来逼近连续时间信号的傅里叶变换时，由于 DFT 计算得到的频谱是不连续的，只能是基频整数倍处的离散点上的谱，就像通过栅栏看景一样，在离散点地方看到真景，故把这种现象称为栅栏效应。

如果在两离散谱线间的频谱有很大变化，不做特殊处理将无法检测出来。为了减小栅栏效应，必须提高谱线密度，这就需增加一个周期内的点数，其方法是在原有记录数据末端添加一些零值点。注意，补加零值点以改变周期时，所用窗函数宽度不能变，必须按记录原长选择窗函数，通俗地说，就是先加窗后补零。

第五节　快速傅里叶变换

由于直接进行 DFT 计算时，运算量与变换区间的长度 N 的平方成正比，当 N 较大时，计算量就会变得很大，所以就出现了快速傅里叶变换（Fast Fourier Transform，简称 FFT）。这种算法使 DFT 的运算效率提高了 1 ~2 个数量级。同时，超大规模集成电路（Very Large Scale Integrated Circuits）和计算机技术的飞速发展，为数字信号处理技术在各种信号的实时处理中的应用创造了良好条件，也极大地推动了数字信号处理技术的发展。

一、DFT 运算量及改善途径

（一）DFT 的运算量

长度为 N 的序列 $x(n)$ 的离散傅里叶变换对为

$$X(k) = \sum_{n=0}^{N-1} x(n) W_N^{nk} \quad k = 0,1,\cdots,N-1 \tag{7-28}$$

$$x(n) = \frac{1}{N}\sum_{k=0}^{N-1} X(k) W_N^{-kn} \quad n = 0,1,\cdots,N-1 \tag{7-29}$$

式中，$W_N = e^{-j2\pi/N}$ 为旋转因子。

通常情况下，$x(n)$ 、W_N^{nk} 均为复数，根据式(7-28)可知，每计算一个 $X(k)$ 值时，就需要做 N 次复数乘法，做 $N-1$ 次复数加法。而在整个 DFT 运算中，由于共有 N 个 $X(k)$ 值，所以总的运算量有 N^2 次复数乘法，$N(N-1)$ 次复数加法。若 N 远大于 1，则复数加法近似为 N^2 次。而与 DFT 相比，IDFT 多乘了一个系数 $1/N$，其余的运算形式相同，故 IDFT 与 DFT 具有相同的运算量。例如，当 $N = 1\,024$ 时，$N^2 = 1\,048\,576$，这样的运算量非常大，要实现实时处理就很困难。

【例 7-2】 根据 DFT 公式,对一幅 $N \times N$ 点的二维图像进行 DFT,如用每秒可做 10 万次复数乘法的计算机,当 $N = 1\,024$ 时,问需要多少时间才能完成?

解 根据式(7-28),当 $N = 1\,024$ 时,复数乘法次数为

$$(N^2)^2 \approx [(10^3)^2]^2 = 10^{12}$$

若计算机每秒可做 10 万次复数乘法,则需要近 3 000 h。

(二)改善途径

(1)相关知识。旋转因子 $W_N = e^{-j2\pi/N} = \cos(\frac{2\pi}{N}) - j\sin(\frac{2\pi}{N})$,它有以下几点性质:

①周期性,即 $W_N^{kn} = W_N^{kn \pm mN}$。

②对称性,即 $W_N^{kn} = -W_N^{kn+\frac{N}{2}}$, $W_N^{2m} = W_{N/2}^{m}$。

③共轭性,即 $W_N^{kn} = (W_N^{N-kn})^*$。

(2)改善途径。为了较清楚地说明问题,以下面的例题来分析,讨论 DFT 的运算特点及减少运算量、提高运算效率的方法。

【例 7-3】 设序列长度 $N=4$,利用旋转因子的性质,讨论减少 DFT 复数乘法次数的可能。

解 由 DFT 的定义式得

$$X(0) = \sum_{k=0}^{4-1} x(n) W_4^{m \times 0} = x(0)W_4^0 + x(1)W_4^0 + x(2)W_4^0 + x(3)W_4^0$$

$$X(1) = \sum_{k=0}^{4-1} x(n) W_4^{m \times 1} = x(0)W_4^0 + x(1)W_4^1 + x(2)W_4^2 + x(3)W_4^3$$

$$X(2) = \sum_{k=0}^{4-1} x(n) W_4^{m \times 2} = x(0)W_4^0 + x(1)W_4^2 + x(2)W_4^4 + x(3)W_4^6$$

$$X(3) = \sum_{k=0}^{4-1} x(n) W_4^{m \times 3} = x(0)W_4^0 + x(1)W_4^3 + x(2)W_4^6 + x(3)W_4^9$$

在上面的求解中,共需要计算 4 次复数乘法。但是,若利用 W_N 的性质,可以减少运算量。当 $N = 4$ 时,由周期性得 $W_4^0 = W_4^4$, $W_4^2 = W_4^6$, $W_4^1 = W_4^9$,由对称性得 $W_4^2 = -W_4^0 = -1$, $W_4^3 = -W_4^1$,将其代入上面的四个式子,得

$$X(0) = x(0) + x(1) + x(2) + x(3)$$
$$X(1) = x(0) + x(1)W_4^1 - x(2) - x(3)W_4^1$$
$$X(2) = x(0) - x(1) + x(2) - x(3)$$
$$X(3) = x(0) - x(1)W_4^1 - x(2) + x(3)W_4^1$$

由此可见,$N=4$ 时 DFT 只需要计算两次复数乘法,即 $x(1)W_4^1$ 和 $x(3)W_4^1$。利用 W_N 的周期性和对称性,把长度为 N 的 DFT 逐次分解,就可使原来的复数乘法次数减半,减少了运算量。因此,这种算法统称为 FFT 的高效算法,由美国科学家库利(J. W. Cooley)和图基(J. W. Tukey)于 1965 年首次提出。

二、FFT 的基本思想

FFT 的基本思想:取 N 为偶数,且 $N = 2^E$,E 为正整数,将 N 点序列 $x(n)$ 按 n 的奇偶分

成两组,分别计算它们的 DFT,则复数乘法次数为 $2\times(N/2)^2=N^2/2$,比直接计算 DFT 省去了一半运算量。继续将序列往下分解,直到成为不能再分解的序列组,这样每个序列组就只有两点,依次计算两点 DFT,并合成得到整个序列的 DFT。

以 $N=4$ 为例,用图 7-2 分析 FFT 的分解和合成流程。

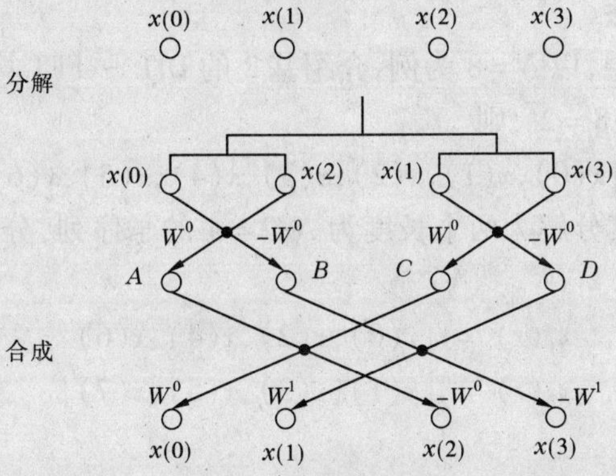

图 7-2　$N=4$ 时 FFT 的分解和合成流程

在图 7-2 中,每两点间按图 7-3 所示形式(蝶形算法)进行计算。图 7-3 中,A、C 代表输入量,A'、C'为输出量,W^p 为旋转因子。蝶形运算公式为

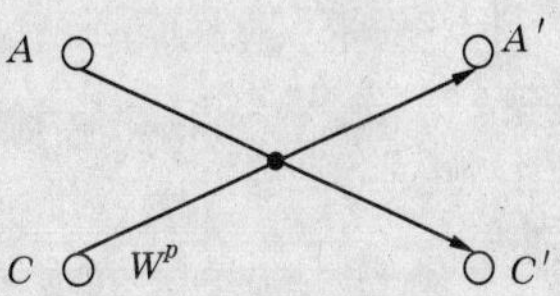

图 7-3　蝶形算法

$$A'=A+CW^p \tag{7-30}$$

$$C'=A-CW^p \tag{7-31}$$

由式(7-30)和式(7-31)可知,要完成一个蝶形运算,需要进行一次复数乘法和两次复数加法。如果 N 点序列要进行 $\log_2 N$ 级分解,每级有 $N/2$ 个蝶形,那么 FFT 算法实际上就是把 N 点序列组合成 $N/2\times\log_2 N$ 个蝶形,因此可知复数乘法的次数为 $N/2\times\log_2 N$,复数加法的次数为 $N\log_2 N$。这样就大大缩短了 DFT 的运算时间,并且 N 越大,缩短的时间越可观。

【例 7-4】 利用 FFT 流程图以及蝶形运算公式,计算 $N=4$ 的 DFT,并将结果与例 7-3 的结果比较。

解　由图 7-2 和图 7-3 可知

$$\begin{aligned}
X(0)&=A+CW^0=[x(0)+x(2)W^0]+[x(1)+x(3)W^0]W^0\\
&=x(0)+x(1)+x(2)+x(3)\\
X(1)&=B+DW^1=[x(0)-x(2)W^0]+[x(1)-x(3)W^0]W^1\\
&=x(0)+x(1)W_4^1-x(2)-x(3)W_4^1\\
X(2)&=A-CW^0=[x(0)+x(2)W^0]-[x(1)+x(3)W^0]W^0\\
&=x(0)-x(1)+x(2)-x(3)\\
X(3)&=B-DW^1=[x(0)-x(2)W^0]-[x(1)-x(3)W^0]W^1\\
&=x(0)-x(1)W_4^1-x(2)+x(3)W_4^1
\end{aligned}$$

通过比较可以发现,本例结果与例 7-3 的结果相同。

【例 7-5】 用 FFT 算法处理例 7-2,问需要多少时间?

解　$N=1\ 024$ 时,FFT 处理二维图像所需复数乘法的次数 $N^2/2\times\log_2 N\approx10^7$,为直接计算 DFT 所需时间的十万分之一,即原来需要近 3 000 h,现在只需要约 1. 8 min。

三、FFT 算法

FFT 算法基本上分为两大类:时域抽取法 FFT(Decimation - In - Time FFT,简称 DIT - FFT)和频域抽取法 FFT(Decimation - In - Frequency FFT,简称 DIF - FFT)。

(一)DIT - FFT 算法

按照 FFT 的基本思想,以 $N=8$ 为例,介绍基 2 的 DIT - FFT 算法。

设序列的长度为 $N=8=2^3$,则

$$x(n)=\{x(0),x(1),x(2),x(3),x(4),x(5),x(6),x(7)\}$$

按照 n 的奇偶性将其分解为两个长度为 $N/2=4$ 的子序列,分别记为 $x_1(r)$ 和 $x_2(r)$,则有

$$x_1(r)=\{x(0),x(2),x(4),x(6)\}$$
$$x_2(r)=\{x(1),x(3),x(5),x(7)\}$$

$x(n)$的 DFT 为

$$\begin{aligned}X(k)&=\sum_{n\text{为偶数}}x(n)W_N^{nk}+\sum_{n\text{为奇数}}x(n)W_N^{nk}\\&=\sum_{r=0}^{N/2-1}x(2r)W_N^{2kr}+\sum_{r=0}^{N/2-1}x(2r+1)W_N^{k(2r+1)}\\&=\sum_{r=0}^{N/2-1}x_1(r)W_N^{2kr}+W_N^k\sum_{r=0}^{N/2-1}x_2(r)W_N^{2kr}\end{aligned}$$

由于
$$W_N^{2kr}=e^{-j\frac{2\pi}{N}2kr}=e^{-j\frac{2\pi}{N/2}kr}=W_{N/2}^{kr}$$

故
$$\begin{aligned}X(k)&=\sum_{n\text{为偶数}}x(n)W_N^{nk}+\sum_{n\text{为奇数}}x(n)W_N^{nk}=\sum_{r=0}^{N/2-1}x_1(r)W_N^{2kr}+W_N^k\sum_{r=0}^{N/2-1}x_2(r)W_N^{2kr}\\&=X_1(k)+W_N^kX_2(k)\quad k=0,1,\cdots,N-1\end{aligned}$$

式中,$X_1(k)$ 和 $X_2(k)$ 分别为 $x_1(r)$ 和 $x_2(r)$ 的 $N/2$ 点 DFT。

由于 $X_1(k)$ 和 $X_2(k)$ 均以 $N/2$ 为周期,且 $W_N^{k+\frac{N}{2}}=-W_N^k$,所以 $X(k)$ 又可以表示为

$$X(k)=X_1(k)+W_N^kX_2(k)\qquad k=0,1,\cdots,\frac{N}{2}-1\tag{7-32}$$

$$X\left(k+\frac{N}{2}\right)=X_1(k)-W_N^kX_2(k)\qquad k=0,1,\cdots,\frac{N}{2}-1\tag{7-33}$$

这样,就完成 N 点 DFT 的运算,如式(7-32)和式(7-33)所示。同样,可以用蝶形算法,将上述分解运算表示如图 7-4 所示。

其中,$X(0)\sim X(3)$ 由式(7-32)给出,而 $X(4)\sim X(7)$ 则由式(7-33)给出。

$x_1(r)$ 是长度为 4 的序列,还可以分解为长度为 $N/4=2$ 的子序列,得到

$$x_3(l)=\{x(0),x(4)\},x_4(l)=\{x(2),x(6)\}$$

同样,对 $x_2(r)$ 进行类似分解得到

$$x_5(l)=\{x(1),x(5)\},x_6(l)=\{x(3),x(7)\}$$

这样,经过第二次分解,又可以将两个 $N/2$ 点 DFT 分解为 4 个 $N/4$ 点 DFT,用蝶形算法表示如图 7-5 所示。

通过对 $N=8=2^3$ 点 DFT 时域抽取可以看出,经过 $3-1=2$ 次分解,最终成为 2 点 DFT

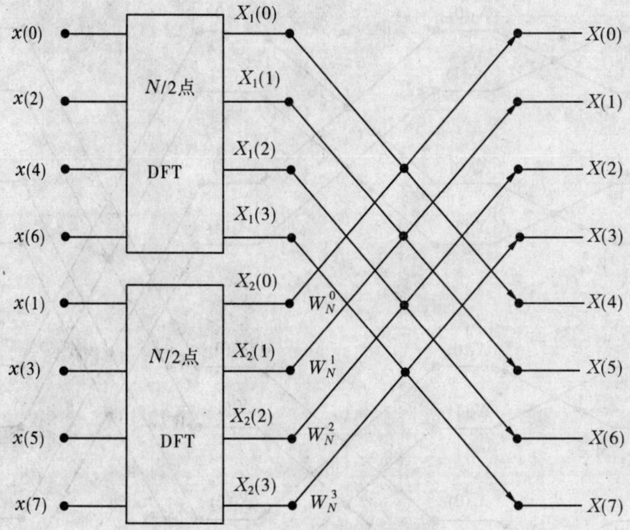

图 7-4　N 点 DFT 一次时域抽取分解

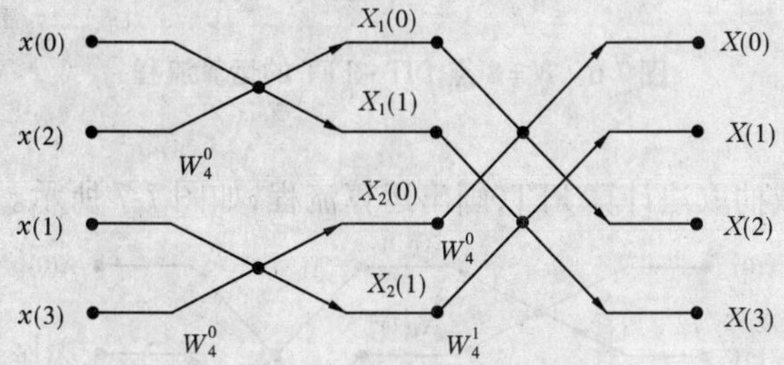

图 7-5　N 点 DFT 二次时域抽取分解

运算。由图 7-5 可以看出,从 $x(n) \to X(k)$ 可以分为 2 级,每级有 $N/2=4$ 个蝶形。一个完整的 $N=8$ 点 DIT - FFT 的运算流程如图 7-6 所示。

因此,在基 2 的 DIT - FFT 算法总的运算量中,复数乘法为 $(N/2)\log_2 N$ 次,复数加法为 $N\log_2 N$ 次。由于复数乘法和复数加法的次数都与 N 成正比,因此当 N 很大时,运算量的减少及运算速度的提高是很明显的。应注意:在实际的运算中,当系数为 $W_N^0 = 1, W_N^{\pm\frac{N}{2}} = -1$, $W_N^{\pm\frac{N}{4}} = \mp \mathrm{j}$ 时,不需要进行复数乘法计算。

MATLAB 中提供了用于 FFT 运算的函数 fft,其调用格式为

y = fft(x)

其中,x 为离散序列;y 为序列的 FFT。x 可以为向量或矩阵:若 x 为向量,则 y 是 x 的 FFT,且和 x 的长度相同;若 x 为矩阵,则 y 是对矩阵的每一列向量进行的 FFT。

当 x 长度是 2 的幂次方时,函数 fft 进行高速基 2 的 FFT 运算。

函数 fft 的另一种调用格式为

y = fft(x,N)

其中,x、y 的意义同上所述;N 为正整数。函数执行 N 点 FFT 时,若 x 为向量且长度小于 N,则函数将 x 补零至 N;若向量 x 的长度大于 N,则函数截短 x,使之长度等于 N。若 x 为矩阵,则按上述相同方法对 x 进行处理。

【例 7-6】　已知 $x(n) = \{1, -1, 0, 1\}, 0 \leqslant n \leqslant 3$,利用基 2DIT - FFT 来计算 $x(n)$ 的

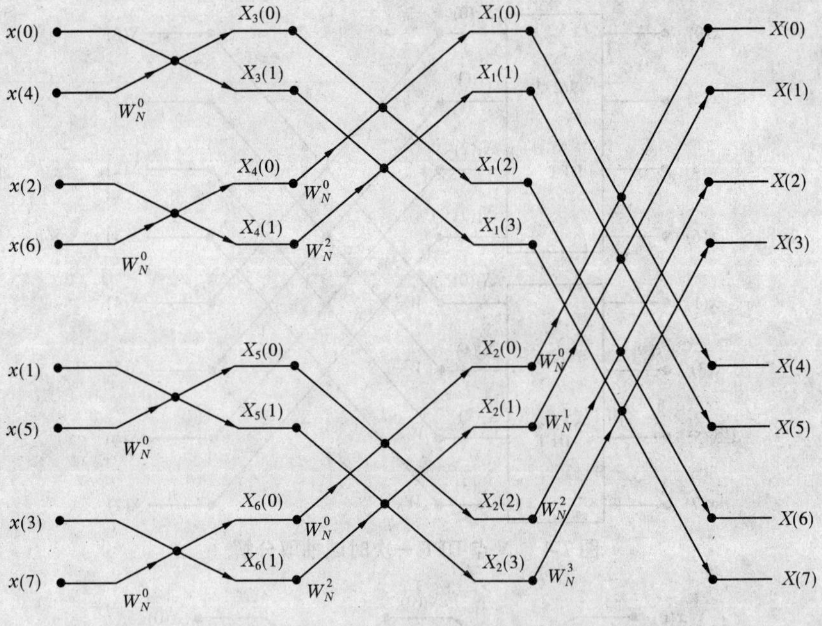

图 7-6　$N=8$ 点 DIT－FFT 的运算流程

DFT。

解　$N=4$，按时域抽取法计算 FFT，画出运算流程，如图 7-7 所示。

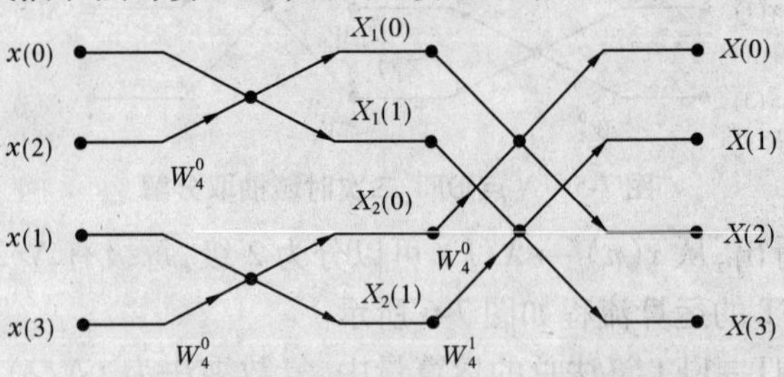

图 7-7　$N=4$ 点 DIT－FFT 的运算流程

$$W_4^0=1,W_4^1=-\mathrm{j}$$

$$X_1(0)=x(0)+x(2)W_4^0=1+0\times1=1$$

$$X_1(1)=x(0)-x(2)W_4^0=1-0\times1=1$$

$$X_2(0)=x(1)+x(3)W_4^0=-1+1\times1=0$$

$$X_2(1)=x(1)-x(3)W_4^0=-1-1\times1=-2$$

$$X(0)=X_1(0)+X_2(0)W_4^0=1+0\times1=1$$

$$X(1)=X_1(1)+X_2(1)W_4^1=1+(-2)\times(-\mathrm{j})=1+2\mathrm{j}$$

$$X(2)=X_1(0)-X_2(0)W_4^0=1-0\times1=1$$

$$X(3)=X_1(1)-X_2(1)W_4^1=1-(-2)\times(-\mathrm{j})=1-2\mathrm{j}$$

$$X(k)=\{\underset{\substack{\uparrow\\k=0}}{1},1+2\mathrm{j},1,1-2\mathrm{j}\}$$

用 MATLAB 实现例 7-6,相应的程序及结果如下:

```
x=[1,-1,0,1];
N=4;
y=fft(x,N)
y=
  1.0000   1.0000+2.0000i   1.0000   1.0000-2.0000i
```

这和理论计算值一致。

(二)DIF－FFT 算法

在基 2 的快速算法中,DIF－FFT 也是一种常用的快速算法。仍以 $N=8$ 为例,介绍 DIF－FFT 的算法。

设长度为 $N=8=2^3$ 的序列 $x(n)=\{x(0),x(1),x(2),x(3),x(4),x(5),x(6),x(7)\}$,将 $x(n)$ 前后对半分开,得到两个子序列,分别表示为 $\{x(0),x(1),x(2),x(3)\}$ 和 $\{x(4),x(5),x(6),x(7)\}$,则 $x(n)$ 的 DFT 为

$$X(k)=\mathrm{DFT}[x(n)]=\sum_{n=0}^{N-1}x(n)W_N^{kn}=\sum_{n=0}^{N/2-1}x(n)W_N^{kn}+\sum_{n=\frac{N}{2}}^{N-1}x(n)W_N^{kn}$$

$$=\sum_{n=0}^{N/2-1}x(n)W_N^{kn}=\sum_{n=0}^{N/2-1}x(n+\frac{N}{2})W_N^{k(n+N/2)}$$

$$=\sum_{n=0}^{N/2-1}[x(n)+W_N^{kN/2}x(n+\frac{N}{2})]W_N^{kn}$$

式中
$$W_N^{kN/2}=(-1)^k=\begin{cases}1,k\text{ 为偶数}\\-1,k\text{ 为奇数}\end{cases}$$

按照 k 的奇偶性将 $X(k)$ 分解成偶数组 $X_1(r)$ 和奇数组 $X_2(r)$,其中

$$X_1(r)=X(2r)\qquad r=0,1,\cdots,\frac{N}{2}-1\tag{7-34}$$

$$X_2(r)=X(2r+1)\qquad r=0,1,\cdots,\frac{N}{2}-1\tag{7-35}$$

若令

$$x_1(n)=x(n)+x(n+\frac{N}{2})\qquad n=0,1,\cdots,\frac{N}{2}-1\tag{7-36}$$

$$x_2(n)=[x(n)-x(n+\frac{N}{2})]W_N^n\qquad n=0,1,\cdots,\frac{N}{2}-1\tag{7-37}$$

则将 $x_1(n)$ 和 $x_2(n)$ 分别代入式(7-34)和式(7-35),可得

$$X_1(r)=X(2r)=\sum_{n=0}^{N/2-1}x_1(n)W_N^{2rn}=\sum_{n=0}^{N/2-1}x_1(n)W_{N/2}^{rn}\tag{7-38}$$

$$X_2(r)=X(2r+1)=\sum_{n=0}^{N/2-1}x_2(n)W_N^{2rn}=\sum_{n=0}^{N/2-1}x_2(n)W_{N/2}^{rn}\tag{7-39}$$

式(7-38)和式(7-39)表明,一个 N 点 DFT 被分解为两个 $N/2$ 点 DFT。其中 $x_1(n)$、$x_2(n)$ 和 $x(n)$ 之间的关系也可以用蝶形算法表示,如图 7-8 所示。

$N=8$ 点 DIF－FFT 的一次分解运算流程如图 7-9 所示。

由于 $N/2=4$ 仍为偶数,可以继续将 $N/2$ 点 DFT 分解成偶数组和奇数组。这样,2 个

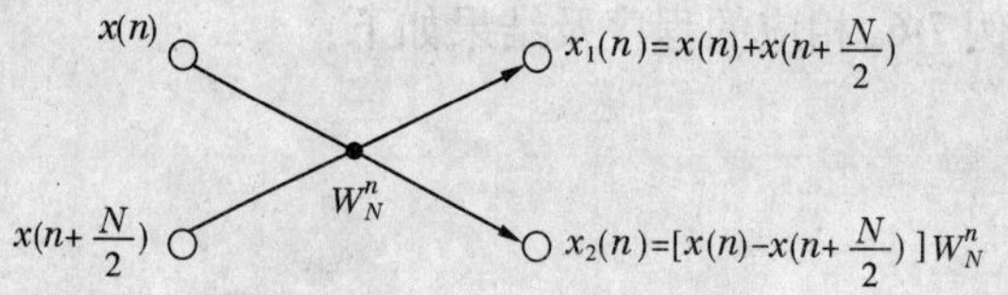

图 7-8 DIF－FFT 蝶形算法

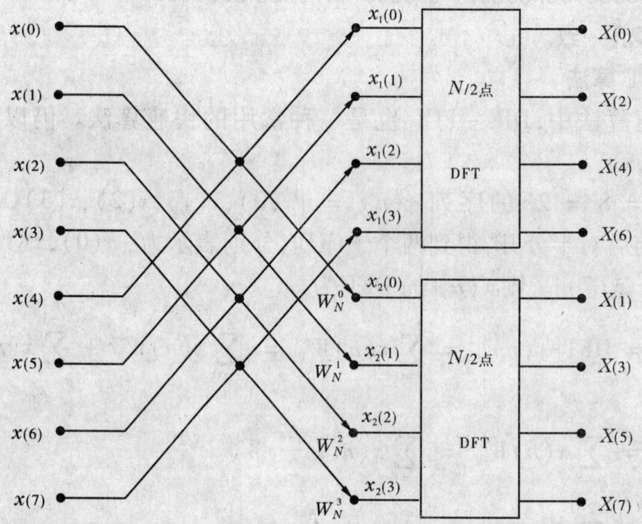

图 7-9 $N=8$ 点 DIF－FFT 的一次分解运算流程

$N/2$ 点 DFT 可以由 4 个 $N/4$ 点 DFT 形成，其输出顺序分别是 $x_1(n)$ 和 $x_2(n)$ 按上下对半分开形成的四个子序列。

$N=8$ 点 DIF－FFT 的二次分解运算流程如图 7-10 所示。

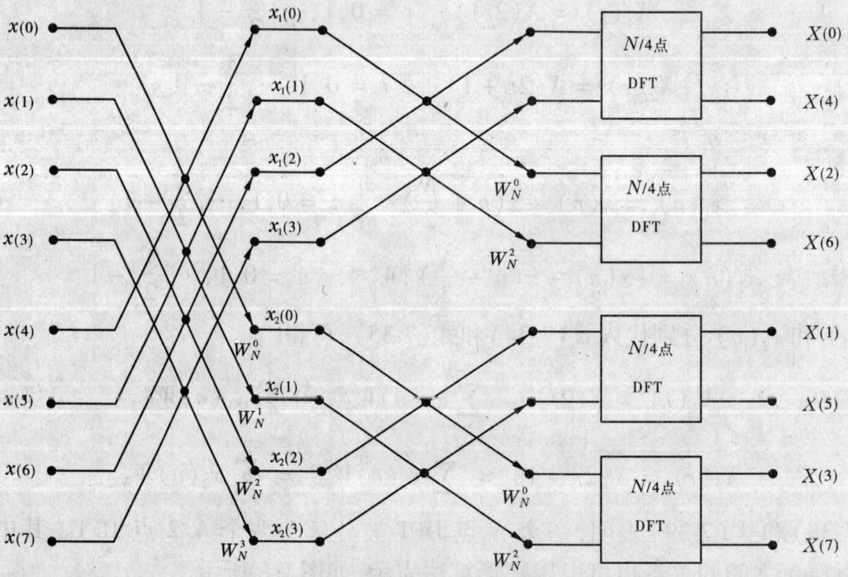

图 7-10 $N=8$ 点 DIF－FFT 的二次分解运算流程

由以上分析可知，一个完整的 $N=8$ 点 DIF－FFT 的运算流程如图 7-11 所示。

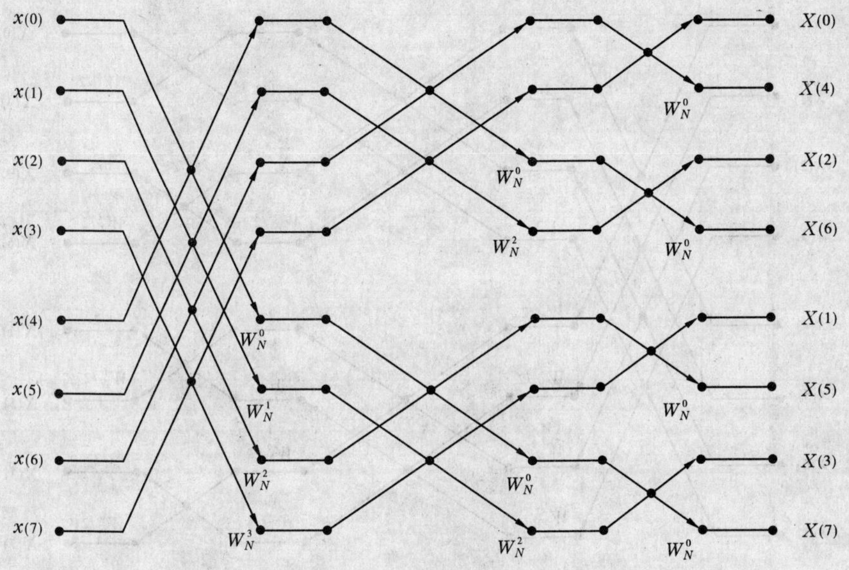

图 7-11　$N=8$ 点 DIF－FFT 的运算流程

通过以上分析可知，这种算法是对 $X(k)$ 进行奇偶抽取分解的结果，因此称为频域抽取法 FFT。

（三）IDFT 的快速算法

FFT 也可用于 IDFT。DFT 与 IDFT 的运算式分别为

$$X(k)=\mathrm{DFT}[x(n)]=\sum_{n=0}^{N-1}x(n)W_N^{kn}\qquad k=0,1,\cdots,N-1\tag{7-40}$$

$$x(n)=\mathrm{IDFT}[X(k)]=\frac{1}{N}\sum_{k=0}^{N-1}X(k)W_N^{-kn}\qquad n=0,1,\cdots,N-1\tag{7-41}$$

比较式（7-40）和式（7-41）可知，只要将 DFT 运算式中的系数 W_N^{kn} 变为 W_N^{-kn}，最后乘以 $1/N$，就可变为 IDFT。因此，只要将上述 DIT－FFT 与 DIF－FFT 算法中的旋转因子 W^p 改为 W^{-p}，最后输出时再乘以 $1/N$ 就可以用来计算 IDFT。在实际应用中，有时为了防止运算过程中发生溢出，也可以将 $1/N$ 分配到每一级蝶形运算中。

将原来的 DIT－FFT 改为 IFFT（Incerse Fast Fourier Transform，简称 IFFT）后称为 DIT－IFFT，将 DIF－FFT 改为 IFFT 后称为 DIF－IFFT。同样以 $N=8$ 为例，画出它们的运算流程，分别如图 7-12 和图 7-13 所示。

这样每个蝶形算法的运算量就是两次复数乘法和两次复数加法。总的复数乘法为 $N\log_2 N$ 次，复数加法为 $N\log_2 N$ 次。

MATLAB 程序中也提供了用于 IFFT 运算的函数 ifft，其调用格式为

```
y = ifft(x)
```

或

```
y = ifft(x,N)
```

其中，x 为某离散序列的傅里叶变换 $X(k)$；y 为 IFFT$[X(k)]$；N 为正整数。若 x 为向量且长度小于 N，则函数将 x 补零至 N；若向量 x 的长度大于 N，则函数截短 x，使其长度等于 N。

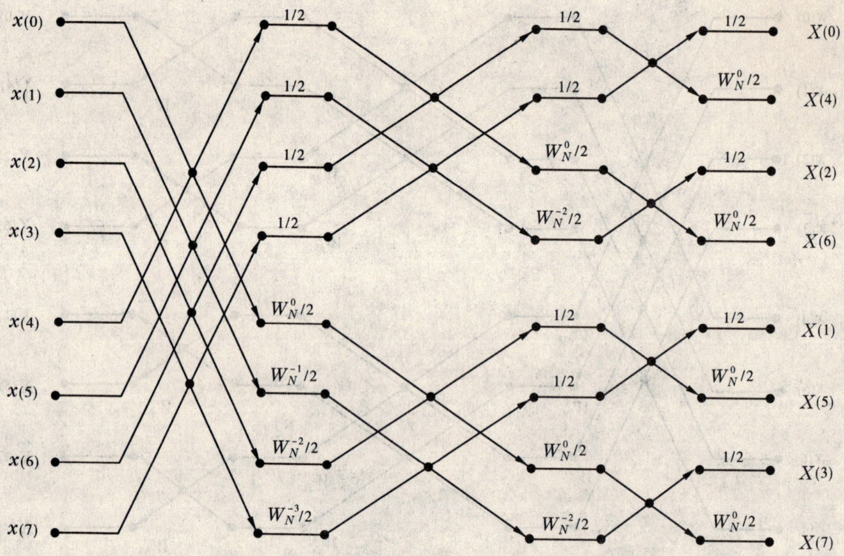

图 7-12　$N=8$ 点 DIT - IFFT 的运算流程

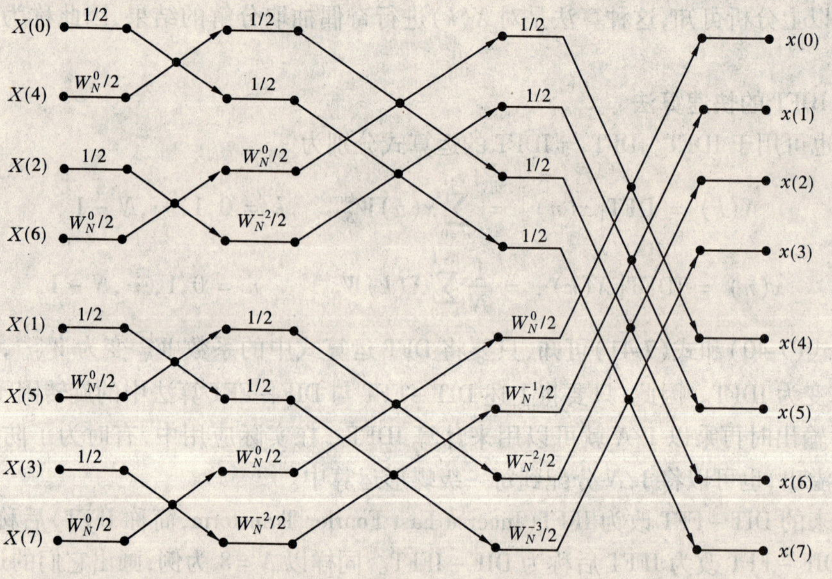

图 7-13　$N=8$ 点 DIF - IFFT 的运算流程

小　结

本章主要介绍了 DFT 及其快速算法两方面内容，重点讨论了 DFT 的定义、性质、应用以及应用中应注意的几个特殊问题，详细分析了 FFT 与 IFFT 的运算流程；同时，穿插了详细的 MATLAB 程序。本章是离散信号分析与处理的重要理论基础，其中的例题及其 MATLAB 编程对信号处理有很大帮助。

习 题

7-1 求下列离散时间周期信号的DFS系数。

(1) $x(n) = \sin\frac{(n-1)\pi}{4}$

(2) $x(n) = \sin\frac{2n\pi}{3} - \cos\frac{n\pi}{4}$

(3) $x(n) = 2^{-n}, -1 \leqslant n \leqslant 2, x(n)$ 的周期为4

(4) $x(n) = (-1)^{-n}\sin\frac{2n\pi}{3}$

7-2 已知周期信号 $x(n)$ 的DFS系数为 $X(k)$，试确定 $x(n)$。

(1) $X(k) = \sin\frac{k\pi}{4} + \cos\frac{k\pi}{4}$

(2) $X(k) = \begin{cases} \cos\frac{2k\pi}{3}, 0 \leqslant k \leqslant 6 \\ 0, k = 7 \end{cases}$，周期为8

7-3 已知周期为 N 的序列 $x(n)$ 的DFS系数为 $X(k)$，试用 $X(k)$ 表示下列信号的系数。

(1) $x(n-n_0)$　　　　(2) $x(n)-x(n-1)$

(3) $x(-n)$　　　　(4) $x(n-\frac{N}{2})$

7-4 求下列信号的离散傅里叶变换。

(1) $2^{-n}u(n-2)$

(2) $a^n\sin(\omega_0 n), |a| < 1$

7-5 设 $x(n)$ 是周期为4的序列，其中 $x(1) = x(0) = 1$，n 为其他值时 $x(n) = 0$，试作出序列的图形，并求 $X(k)$ 和傅里叶变换 $X(e^{j\omega})$。

7-6 已知 $X(k) = \begin{cases} \frac{N}{2}e^{j\theta}, k = N \\ \frac{N}{2}e^{-j\theta}, k = 0 \\ 0, k\text{取其他值} \end{cases}$，求 $x(n) = \mathrm{IDFT}[X(k)]$。

7-7 已知 $N=4$ 的有限长序列 $x(n) = n(u(n) - u(n-3))$，作图求解：

(1) $x(n)$ 与 $x(n)$ 的线性卷积；

(2) $x(n)$ 与 $x(n)$ 的4点圆周卷积；

(3) $x(n)$ 与 $x(n)$ 的8点圆周卷积；

(4) 若是 $x(n)$ 与 $x(n)$ 的线性卷积与圆周卷积相同，求最小的长度 L。

7-8 如果一台计算机的速度为平均每次复数乘法5 μs，每次复数加法0.5 μs，用它来计算512点的DFT[$x(n)$]，直接计算需要多长时间？用FFT运算需要多长时间？

7-9 已知 $X(k)$、$Y(k)$ 是两个 N 点序列 $x(n)$、$y(n)$ 的DFT结果，根据 $X(k)$、$Y(k)$ 的

值，怎样用一个 N 点 IFFT 运算一次完成 $x(n)$、$y(n)$ 值的计算？

7-10 当 $N=16$ 时，画出基 2 的按时间抽选法及按频率抽选法的 FFT 流程图，统计乘法运算次数。

7-11 当 $N=64$ 时用 DIT 共有多少级？每级有多少个蝶形单元？写出每一级的旋转因子。

7-12 当 $N=16$ 时，导出基 4 的 DIT－FFT 和 DIF－FFT 公式，画出流程图，并按运算量与基 2 的 FFT 比较。

7-13 考虑一个 N 点有限长序列 $x(n)$：

$$x(n) = \begin{cases} x(n), 0 \leqslant n \leqslant N-1 \\ 0, n \text{ 取其他值} \end{cases}$$

计算其 z 变换 $X(z) = \sum_{n=0}^{N-1} x(n) z^{-n}$，并求其在单位圆上的 N 个等间隔点上的采样值。

第八章　数字滤波器的设计

第一节　引　言

数字滤波器是一个离散时间系统，作为数字信号处理技术的重要分支，数字滤波器在信号的获取、处理、交换过程中都具有重要的作用，广泛应用于语音处理、图像处理、通信、电视、雷达、声纳、生物医学信号处理等领域，特别是在现代通信设备和控制系统中，数字滤波器的性能更是直接影响到电路系统的整体性能。

第二节　数字滤波器的基本概念

从广义上讲，任何能够对信号的某些频率进行修正的系统都可以称为滤波器。滤波器的种类有很多，从所处理的信号对象来说可分为模拟滤波器和数字滤波器两大类。模拟滤波器是利用模拟电路对模拟信号直接进行处理，这种滤波器是一个连续时间系统。数字滤波器是对数字信号进行处理，其系统一般是由差分方程来描述的离散时间系统。模拟滤波器完全依靠电阻、电容、晶体管等电子元件组成的物理网络实现滤波功能，而数字滤波器则灵活得多，既可以利用加法器、乘法器、延时器等硬件来实现，也可以利用计算机通过软件编程的方法来实现。数字滤波器是以数字器件来执行运算，对数字信号进行处理，由于数字信号处理避免了模拟信号处理中噪声的影响，因此在抗噪能力上具有固有优势，有更高的信噪比。此外，组成模拟滤波器的电子元件的电路特性会随着时间、温度、电压的变化而漂移，而数字电路就没有这种问题，因此数字滤波器在稳定性、可靠性等方面也都具有明显优势。

数字滤波器的类型有很多，从处理信号的方式上可分为经典滤波器和现代滤波器两大类。经典滤波器的适用范围是输入信号中有用的频率成分和希望滤除的成分各占有不同的频带，通过一个合适的选频滤波器可以达到滤波的目的。如果有用信号和干扰的频带相互重叠，就需要采用现代滤波器来进行处理，例如卡尔曼滤波器、维纳滤波器、自适应滤波器等。这些滤波器可以按照随机信号内部的一些统计分布规律，最佳地提取信号。

与模拟滤波器相类似，数字滤波器从功能上一般可以分为低通、高通、带通、带阻等类型。数字滤波器的传输函数一般可写为 $H(e^{j\omega})$，是以 2π 为周期的函数，因此我们只需对其一个周期 $(-\pi, +\pi)$ 内的特性进行考察。在这个周期中，可以认为低频带处于 0 值附近，而高频带则位于 $\pm\pi$ 附近。对于整个 ω 的取值范围而言，可以认为低频带处于 2π 的整数倍附近，而高频带处于 π 的奇数倍附近。因此，低通、高通、带通、带阻四种滤波器的频率特性如图 8-1 所示。

考虑一个线性时不变因果系统，其输入输出满足如下线性常系数差分方程：

$$\sum_{k=0}^{N} a_k y(n-k) = \sum_{k=0}^{M} b_k x(n-k) \tag{8-1}$$

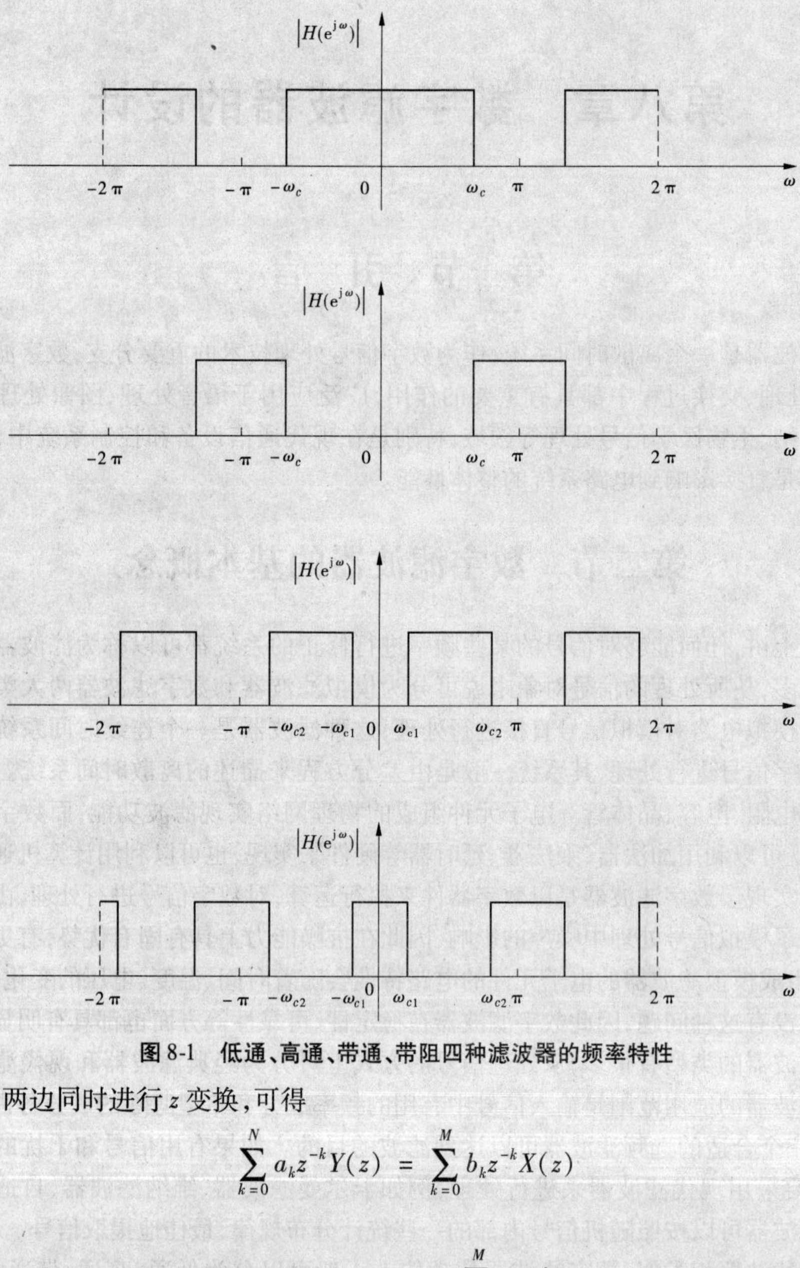

图 8-1　低通、高通、带通、带阻四种滤波器的频率特性

对式(8-1)两边同时进行 z 变换,可得

$$\sum_{k=0}^{N} a_k z^{-k} Y(z) = \sum_{k=0}^{M} b_k z^{-k} X(z)$$

进而有

$$H(z) = \frac{Y(z)}{X(z)} = \frac{\sum_{k=0}^{M} b_k z^{-k}}{\sum_{k=0}^{N} a_k z^{-k}}$$

由于上式中分子和分母都是关于 z^{-1} 的多项式,假设 $H(z)$ 的极点都是一阶极点,则 $H(z)$ 可以通过部分分式展开法进一步写成如下形式:

$$H(z) = \sum_{r=0}^{M-N} B_r z^{-r} + \sum_{k=1}^{N} \frac{A_k}{1 - d_k z^{-1}}$$

其中第一项是利用长除法将分母除以分子得到的,当 $M \geqslant N$ 时才存在。对式两边同时做 z

反变换得到

$$h(n) = \sum_{r=0}^{M-N} B_r \delta(n-r) + \sum_{k=1}^{N} A_k d_k^n u(n)$$

可以看出,第一项是有限长的,而第二项是无限长的。如果至少有一个极点存在且未被某个零点抵消,则 $h(n)$ 就是无限长的,将这类系统称为无限冲激响应 IIR (Infinite Impulse Response)系统。

如果系统除 $z=0$ 外没有任何极点,即式中的 $N=0$,则 $H(z)$ 就只剩下第一项:

$$H(z) = \sum_{k=0}^{M} b_k z^{-k}$$

对其做 z 反变换可知,则 $h(n)$ 的数学表达式也就只剩下了第一项有限长项,即

$$h(n) = \sum_{k=0}^{M} b_k \delta(n-k)$$

这是一个有限长的信号,只在 $0 \leqslant n \leqslant M$ 的范围内值不为零,这种系统称为有限冲激响应 FIR(Finite Impulse Response)系统。

相对应地,数字滤波器也可以分为无限冲激响应滤波器与有限冲激响应滤波器,我们将分别讨论这两种滤波器的特性和设计方法。

第三节　IIR 数字滤波器的设计

一个 N 阶的数字滤波器系统函数可以写为公式的形式,也可以将 $y(n)$ 的系数归一化,写成

$$y(n) = \sum_{k=0}^{M} b_k x(n-k) + \sum_{k=0}^{N} a_k y(n-k)$$

对应地,其系统函数也可以写为

$$H(z) = \frac{Y(z)}{X(z)} = \frac{\sum_{k=0}^{M} b_k z^{-k}}{1 - \sum_{k=1}^{N} a_k z^{-k}}$$

IIR 数字滤波器的设计方法主要有两种,一种是间接的设计方法,即先按照指标设计符合要求的模拟滤波器,然后将模拟滤波器转换为数字滤波器,这是因为模拟滤波器的设计方法很成熟,有简便的设计公式和设计图表可供利用,因此这种方法比较简单易行。另一种是直接的设计方法,即在频域利用幅度平方误差最小法直接设计 IIR 数字滤波器,或者利用计算机软件辅助在时域直接设计 IIR 数字滤波器。本书只讨论间接的设计方法。

间接设计方法可以分为如下几步:

第一步,根据需要确定数字滤波器的参数指标。

第二步,将数字滤波器的参数指标转换成模拟滤波器的参数指标。

第三步,设计符合要求的模拟滤波器。

第四步,将模拟滤波器转换为数字滤波器。

其中第三步涉及模拟滤波器的设计,一般较为常用的模拟滤波器有巴特沃斯滤波器、切比雪夫滤波器、椭圆滤波器等,由于篇幅所限,本书不再详加介绍。第四步是要完成从 s 域

到 z 域的映射,即要由模拟滤波器的系统函数 $H_a(s)$ 得到数字滤波器的系统函数 $H(z)$,我们介绍两种常用的方法来实现这一过程。

一、冲激响应不变法(脉冲响应不变法)

冲激响应不变法是从时域出发,要求数字滤波器的冲激响应 $h(n)$ 和模拟滤波器的冲激响应 $h_a(t)$ 建立起如下关系:

$$h(n) = h_a(nT) = h_a(t)\big|_{t=nT}$$

式中,T 是抽样的周期。这样建立起来的数字滤波器和模拟滤波器的关系是显而易见的,即 $h(n)$ 由 $h_a(t)$ 抽样离散化而得到,两者在时域必定有着相似的形貌。

根据 z 变换的相关知识可知,对于 $h(n)$ 的 z 变换 $H(z)$,当取 $z = e^{sT}$ 时,$H(z)$ 实际上就是 $h_a(t)$ 与冲激串 $\sum_{n=-\infty}^{+\infty}\delta(t-nT)$ 相乘后的拉普拉斯变换,即

$$H(z)\big|_{z=e^{sT}} = L\left[h_a(t)\sum_{n=-\infty}^{+\infty}\delta(t-nT)\right]$$

根据拉普拉斯变换的性质可知,时域的周期采样将导致频域的周期延拓,接下来用数学表达式来具体解析这一周期延拓过程。

$$H(z)\big|_{z=e^{sT}} = L\left[h_a(t)\sum_{n=-\infty}^{+\infty}\delta(t-nT)\right] = L\left[h_a(t)\cdot\frac{1}{T}\sum_{k=-\infty}^{+\infty}e^{j\frac{2\pi}{T}kt}\right]$$

$$= \frac{1}{T}L\left[\sum_{k=-\infty}^{+\infty}h_a(t)e^{j\frac{2\pi}{T}kt}\right] = \frac{1}{T}\sum_{k=-\infty}^{+\infty}H_a\left(s+j\frac{2\pi}{T}k\right)$$

我们来考察 s 平面和 z 平面的对应关系:一方面,已知复频率 $s = \sigma + j\Omega$,则 $z = e^{sT} = e^{\sigma T}e^{j\Omega T}$,将这个形式与式 $z = re^{j\omega}$ 对比可知 $r = e^{\sigma T}$,即 s 的实部决定了 z 的向量长度;另一方面,数字角频率 $\omega = \Omega T$,即 s 的虚部决定了 z 的向量角度。注意到 $e^{j\Omega T}$ 是关于 Ω 的周期函数,周期为 $\frac{2\pi}{T}$,也就是说,Ω 在 s 平面中一个宽为 $\frac{2\pi}{T}$ 的范围内取值,就可以涵盖 z 平面从 0 到 2π 的所有角度。若 s 的实部保持不变,而 s 的虚部以 $\frac{2\pi}{T}$ 的整数倍改变,对应的是 z 平面中的同一点。将 s 平面沿着虚轴将其分割为无数条宽为 $\frac{2\pi}{T}$ 的水平带,每条水平带都能够对应于整个 z 平面,图 8-2 给出了这种对应关系。

对于位于虚轴上的点 $s = j\Omega$,有 $z = e^{sT} = e^{j\Omega T}$,可知 s 平面中的虚轴对应于 z 平面中的单位圆,即

$$H(e^{j\omega}) = \frac{1}{T}\sum_{k=-\infty}^{+\infty}H_a\left(j\frac{\omega}{T}+j\frac{2\pi}{T}k\right) \tag{8-2}$$

进一步地,位于 s 平面左半平面的点 $s = \sigma + j\Omega$,由于 $\sigma < 0$,则其对应的点的向量长度 $r = e^{\sigma T} < 1$,因此 s 平面左半平面的点对应于 z 平面中的单位圆内的部分。一个稳定的模拟滤波器的所有极点都位于左半平面,变为数字滤波器后,所有的极点都映射在单位圆内,依然是一个稳定的滤波器。

从式(8-2)可以看出,时域从 $h_a(t)$ 变到 $h(n)$ 后,频域也发生了变化,原先的频率响应 $H_a(j\Omega)$ 被延拓成了周期函数,周期为 2π。根据抽样定理的知识可知,除非 $H_a(j\Omega)$ 的自变

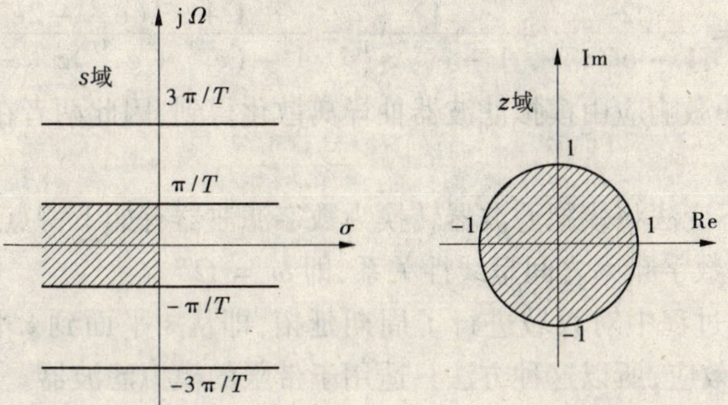

图 8-2 冲激响应不变法 s 平面与 z 平面的对应关系

量 Ω 被限制在 $[0,\frac{\pi}{T}]$ 的范围内，否则当模拟滤波器转换为数字滤波器时，将在高频区域（即 π 的奇数倍处）出现混叠。

假设一个模拟滤波器具有 N 个一阶极点，则其系统函数可以写为

$$H_a(s) = \sum_{k=1}^{N} \frac{A_k}{s - s_k}$$

其时域函数为

$$h_a(t) = L^{-1}[H_a(s)] = \sum_{k=1}^{N} A_k e^{s_k t} u(t)$$

要将其转换为数字滤波器，根据冲激响应不变法，数字滤波器的单位冲激响应应当等于 $h_a(t)$ 的抽样，即

$$h(n) = h_a(nT) = \sum_{k=1}^{N} A_k e^{s_k nT} u(n) = \sum_{k=1}^{N} A_k (e^{s_k T})^n u(n)$$

对 $h(n)$ 做 z 变换可得到

$$H(z) = \sum_{n=0}^{\infty} h(n) z^{-n} = \sum_{n=0}^{\infty} \sum_{k=1}^{N} A_k (e^{s_k T} z^{-1})^n = \sum_{k=1}^{N} A_k \sum_{n=0}^{\infty} (e^{s_k T} z^{-1})^n$$

$$= \sum_{k=1}^{N} \frac{A_k}{1 - e^{s_k T} z^{-1}}$$

将这个结果与原系统函数比较可以得知，在用冲激响应不变法来将模拟滤波器转换为数字滤波器时，只需要简单地用 $\frac{A_k}{1 - e^{s_k T} z^{-1}}$ 把 $\frac{A_k}{s - s_k}$ 替代掉就可以了。

【例 8-1】 已知模拟滤波器的系统函数

$$H_a(s) = \frac{s + 5}{s^2 + 4s + 3}$$

用冲激响应不变法将其转换为数字滤波器。

解 用部分分式展开法对 $H_a(s)$ 进行处理得到

$$H_a(s) = \frac{s + 5}{s^2 + 4s + 3} = \frac{2}{s + 1} - \frac{1}{s + 3}$$

则相应的数字滤波器系统函数应为

$$H(z)=\frac{2}{1-e^{-T}z^{-1}}-\frac{1}{1-e^{-3T}z^{-1}}=\frac{1+z^{-1}(e^{-T}-2e^{-3T})}{1-(e^{-T}+e^{-3T})z^{-1}+e^{-4T}z^{-2}}$$

数字滤波器的冲激响应由模拟滤波器抽样离散化得到，因此两者在时域上十分接近，具有相似的形貌。

采用冲激响应不变法将模拟滤波器转换为数字滤波器有如下特点：

(1)模拟频率和数字频率之间呈线性关系，即 $\omega=\Omega T$。

(2)由于在变换过程中对频域进行了周期延拓，即从 s 平面到 z 平面是多值对应的关系，会出现频率混叠效应，所以这种方法只适用于带限的模拟滤波器。

也可以运用 MATLAB 软件来辅助完成采用冲激响应不变法设计数字滤波器的过程，MATLAB 软件提供了命令 impinvar，可以方便地完成采用冲激响应不变法将模拟滤波器转换为数字滤波器的过程。

【例 8-2】 用脉冲响应不变法设计切比雪夫数字滤波器，要求满足以下指标：

(1)采样频率 $f_s=4\ 000$ Hz；

(2)通带截止频率 $\Omega_p=800$ Hz，阻带截止频率 $\Omega_s=1\ 000$ Hz；

(3)通带衰减系数为 0.3 dB，阻带衰减系数为 40 dB。

输入程序文件：

```
wp=800*2*pi;ws=1000*2*pi;fs=2000;Rp=0.3;Rs=40; %确定指标参数
[N,Wn]=cheb1ord(wp,ws,Rp,Rs,'s'); %确定滤波器的阶数及截止频率
[z,p,k]=cheb1ap(N,Rp);     %确定模拟滤波器的极点及增益
[A,B,C,D]=zp2ss(z,p,k);
[AT,BT,CT,DT]=lp2lp(A,B,C,D,Wn);   %设置需要的截止频率
[b,a]=ss2tf(AT,BT,CT,DT);
[bz,az]=impinvar(b,a,fs);     %用冲激响应不变法生成数字滤波器
[H,W]=freqz(bz,az);
plot(W*fs/(2*pi),abs(H));
grid;
xlabel('frequency/Hz');
ylabel('magnitude');
```

运行程序文件，得到的数字滤波器幅频特性如图 8-3 所示。

二、双线性变换法

冲激响应不变法的一个缺点是从 s 平面到 z 平面是多值对应的关系，s 平面中每一条平行于实轴的宽为$\frac{2\pi}{T}$的水平带都可以对应于整个 z 平面，因此在将模拟滤波器数字化时就出现了混叠现象。解决的方法是：采用一种新的映射关系，这种映射关系能够建立起从 s 平面到 z 平面的单值映射。采用如下变换关系：

$$s=\frac{2}{T}\left(\frac{1-z^{-1}}{1+z^{-1}}\right)$$

接下来考察这种变换关系的性质，将上式变形可得到

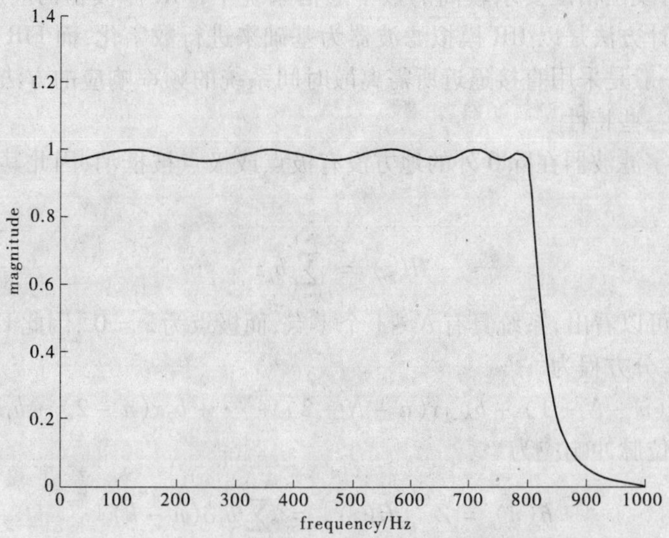

图 8-3　MATLAB 软件辅助设计的数字滤波器幅频特性

$$z=\frac{1+(T/2)s}{1-(T/2)s}=\frac{1+(T/2)(\sigma+\mathrm{j}\Omega)}{1-(T/2)(\sigma+\mathrm{j}\Omega)}=\frac{1+\sigma T/2+\mathrm{j}\Omega T/2}{1-\sigma T/2-\mathrm{j}\Omega T/2}$$

当 σ 的取值小于 0 时,可以运算得到 $|z|<1$;当 σ 的取值大于 0 时,可以运算得到 $|z|>1$。与冲激响应不变法一样,如果 $H_a(s)$ 的极点都在 s 平面的左半平面,则 $H(z)$ 的极点都在 z 平面的单位圆内,即稳定的模拟滤波器对应于稳定的数字滤波器。

而当 $\sigma=0$ 时,$s=\mathrm{j}\Omega$,s 为虚轴,可以得到

$$z=\frac{1+\mathrm{j}\Omega T/2}{1-\mathrm{j}\Omega T/2}$$

此时无论 Ω 取何值都始终有 $|z|=1$,因此 s 平面的虚轴对应于 z 平面的单位圆,即此时 $z=\mathrm{e}^{\mathrm{j}\omega}$,有

$$\mathrm{e}^{\mathrm{j}\omega}=\frac{1+\mathrm{j}\Omega T/2}{1-\mathrm{j}\Omega T/2}$$

进而可以得到

$$\mathrm{j}\Omega=\frac{2}{T}\left(\frac{1-\mathrm{e}^{-\mathrm{j}\omega}}{1+\mathrm{e}^{-\mathrm{j}\omega}}\right)=\frac{2\mathrm{j}}{T}\tan\left(\frac{\omega}{2}\right)$$

即

$$\Omega=\frac{2}{T}\tan\left(\frac{\omega}{2}\right)$$

可以看出,当 ω 在 $(-\pi,+\pi)$ 的范围内变化时,对应的 Ω 在 $(-\infty,+\infty)$ 变化,若 $\Omega=\pm\infty$,则 $\omega=\pm\pi$。因此,我们建立了 s 平面到 z 平面的单值映射关系。与冲激响应不变法的应用类似,要将模拟滤波器转换为数字滤波器时,只需要简单地用 $\frac{2}{T}\left(\frac{1-z^{-1}}{1+z^{-1}}\right)$ 把 $H(s)$ 中的 s 替代掉就可以得到 $H(z)$。

第四节　FIR 数字滤波器的设计

IIR 数字滤波器的一个缺点是相位特性呈非线性,而 FIR 滤波器则可以做到严格的线

性相移,因此在对线性相位要求较高的数字通信系统中,FIR 滤波器的应用较为广泛。IIR 数字滤波器的设计方法是以 IIR 模拟滤波器为基础来进行数字化,而 FIR 数字滤波器的设计方法则不同,一般是采用直接逼近所需离散时间系统的频率响应的方法。我们首先来研究 FIR 滤波器的一些特性。

由于 FIR 数字滤波器在除 0 外的地方没有极点或极点被抵消,因此其系统函数一般可以写为

$$H(z) = \sum_{k=0}^{N-1} b_k z^{-k}$$

从表达式中可以看出,系统具有 $N-1$ 个零点,而极点为 $z=0$,因此 FIR 系统一定是稳定的,其对应的差分方程为

$$y(n) = b_{N-1}x(n-N+1) + b_{N-2}x(n-N+2) + \cdots + b_2x(n-2) + b_1x(n-1) + b_0$$

其对应的时域单位脉冲响应为

$$h(n) = Z^{-1}[H(z)] = \sum_{k=0}^{N-1} b_k\delta(n-k)$$

这是一个有限长的序列,其长度为 N,且有 $h(n) = b_n$,即序列值就由差分方程的系数 b_n 构成,因此其系统函数也可以写为

$$H(z) = \sum_{n=0}^{N-1} h(n)z^{-n}$$

若要 FIR 系统具有线性相位,则序列 $h(n)$ 必须满足偶对称条件

$$h(n) = h(N-1-n)$$

或奇对称条件

$$h(n) = -h(N-1-n)$$

对于满足对称条件的序列 $h(n)$,我们又可以根据序列长度 N 是奇数还是偶数将其进一步细化分类。我们把满足偶对称条件的 FIR 滤波器分为Ⅰ型(N 为奇数)线性相位滤波器和Ⅱ型(N 为偶数)线性滤波器,把满足奇对称条件的 FIR 滤波器分为Ⅲ型(N 为奇数)线性相位滤波器和Ⅳ型(N 为偶数)线性相位滤波器。接下来我们将分别讨论这四种情况下 $h(n)$ 所具有的滤波特性。

(1)$h(n)$ 为偶对称,且 N 为奇数。

对于此类系统,利用对称性对其系统函数化简

$$H(z) = \sum_{n=0}^{\frac{N-3}{2}} h(n)z^{-n} + h\left(\frac{N-1}{2}\right)z^{-\frac{N-1}{2}} + \sum_{n=\frac{N+1}{2}}^{N-1} h(n)z^{-n}$$

令 $m = N-1-n$,则

$$\begin{aligned} H(z) &= \sum_{n=0}^{\frac{N-3}{2}} h(n)z^{-n} + h\left(\frac{N-1}{2}\right)z^{-\frac{N-1}{2}} + \sum_{m=0}^{\frac{N-3}{2}} h(N-1-m)z^{-(N-1-m)} \\ &= \sum_{n=0}^{\frac{N-3}{2}} h(n)\left[z^{-n} + z^{-(N-1-n)}\right] + h\left(\frac{N-1}{2}\right)z^{-\frac{N-1}{2}} \end{aligned}$$

$$= z^{-\frac{N-1}{2}}\left\{\sum_{n=0}^{\frac{N-3}{2}} h(n)\left[z^{\left(\frac{N-1}{2}-n\right)} + z^{-\left(\frac{N-1}{2}-n\right)}\right] + h\left(\frac{N-1}{2}\right)\right\}$$

为研究其频率特性，令 $z = e^{j\omega}$，则

$$H(e^{j\omega}) = e^{-j\left(\frac{N-1}{2}\right)\omega}\left\{\sum_{n=0}^{\frac{N-3}{2}} h(n)\left[e^{j\omega\left(\frac{N-1}{2}-n\right)} + e^{-j\omega\left(\frac{N-1}{2}-n\right)}\right] + h\left(\frac{N-1}{2}\right)\right\}$$

$$= e^{-j\varphi(\omega)}\left\{\sum_{n=0}^{\frac{N-3}{2}} 2h(n)\cos\left(\frac{N-1}{2}-n\right)\omega + h\left(\frac{N-1}{2}\right)\right\}$$

我们将 $H(e^{j\omega})$ 写成幅度函数和相位函数相乘的形式，即

$$H(e^{j\omega}) = H_g(\omega)e^{j\varphi(\omega)}$$

其中幅度函数 $H_g(\omega) = \sum_{n=0}^{\frac{N-3}{2}} 2h(n)\cos\left(\frac{N-1}{2}-n\right)\omega + h\left(\frac{N-1}{2}\right)$，相位函数 $\varphi(\omega) = -\left(\frac{N-1}{2}\right)\omega$。这一点与通常使用的表达式 $H(e^{j\omega}) = |H(e^{j\omega})|e^{j\theta(\omega)}$ 不同，尽管 $|H_g(\omega)| = |H(e^{j\omega})|$ 成立，但 $|H(e^{j\omega})|$ 表示了 $H(e^{j\omega})$ 的模，始终是一个非负的实数，而 $H_g(\omega)$ 是一个有正有负的函数，即 $H_g(\omega) = \pm|H(e^{j\omega})|$。可以看出，$\varphi(\omega)$ 是关于 ω 的线性函数，因此这种滤波器具有线性相位。

(2) $h(n)$ 为偶对称，且 N 为偶数。

与Ⅰ型系统相比较，由于没有 $h\left(\frac{N-1}{2}\right)$ 项，故

$$H(e^{j\omega}) = e^{-j\left(\frac{N-1}{2}\right)\omega}\left[\sum_{n=0}^{\frac{N}{2}-1} 2h(n)\cos\left(\frac{N-1}{2}-n\right)\omega\right]$$

其中幅度函数 $H_g(\omega) = \sum_{n=0}^{\frac{N}{2}-1} 2h(n)\cos\left(\frac{N-1}{2}-n\right)\omega$，相位函数 $\varphi(\omega) = -\left(\frac{N-1}{2}\right)\omega$。从表达式中可以看出，当 $\omega = \pi$ 时，$H_g(\omega) = 0$，我们知道在数字角频率中，π 附近是高频区域，因此Ⅱ型 FIR 滤波器无法实现高通和带阻的要求。

(3) $h(n)$ 为奇对称，且 N 为奇数。

对于这种滤波器，其频率特性为

$$H(e^{j\omega}) = e^{-j\left[\frac{\pi}{2}-\left(\frac{N-1}{2}\right)\omega\right]}\left[\sum_{n=0}^{\frac{N-3}{2}} 2h(n)\sin\left(\frac{N-1}{2}-n\right)\omega\right]$$

其中幅度函数 $H_g(\omega) = \sum_{n=0}^{\frac{N-3}{2}} 2h(n)\sin\left(\frac{N-1}{2}-n\right)\omega$，相位函数 $\varphi(\omega) = \frac{\pi}{2}-\left(\frac{N-1}{2}\right)\omega$，即信号经过滤波器后，有了 $\frac{\pi}{2}$ 的附加相移。从表达式中可以看出，当 ω 为 π 的整数倍时，

$H_g(\omega)=0$，因此Ⅲ型 FIR 滤波器无法实现低通、高通和带阻的要求。

(4) $h(n)$为奇对称，且 N 为偶数。

$$H(e^{j\omega}) = e^{-j\left[\frac{\pi}{2}-\left(\frac{N-1}{2}\right)\omega\right]}\left[\sum_{n=0}^{\frac{N}{2}-1} 2h(n)\sin\left(\frac{N-1}{2}-n\right)\omega\right]$$

其中幅度函数 $H_g(\omega) = \sum_{n=0}^{\frac{N}{2}-1} 2h(n)\sin\left(\frac{N-1}{2}-n\right)\omega$，即相位函数 $\varphi(\omega) = \frac{\pi}{2}-\left(\frac{N-1}{2}\right)\omega$，即这种滤波器也会造成$\frac{\pi}{2}$的附加相移。从表达式中可以看出，当 ω 为 0 或 2π 时，$H_g(\omega) = 0$，因此Ⅳ型 FIR 滤波器无法实现低通、带阻的要求。

设计 FIR 数字滤波器最简单的方法是窗函数法。假设所需的理想频率响应可以表示为

$$H_d(e^{j\omega}) = \sum_{n=-\infty}^{+\infty} h_d(n)e^{-j\omega n}$$

则其对应的脉冲响应序列为

$$h_d(n) = \frac{1}{2\pi}\int_{-\pi}^{\pi} H_d(e^{j\omega})e^{j\omega n}d\omega$$

这样一个离散序列往往是非因果的和无限长的，因此要得到因果的 FIR 滤波器，就需要对 $h_d(n)$进行截断，构建一个新的离散序列 $h(n)$，表达式如下：

$$h(n) = \begin{cases} h_d(n) & 0 \leqslant n \leqslant N-1 \\ 0 & n\text{ 取其他值} \end{cases}$$

为了得到这样一个序列，我们可以将原序列与一个矩形序列相乘，即

$$h(n) = h_d(n)W_N(n)$$

其中 $W_N(n)$是宽度为 N 的矩形序列，或称为矩形窗函数，其所对应的频域函数为

$$W_N(e^{j\omega}) = \sum_{n=0}^{N-1} e^{-j\omega n} = \frac{1-e^{-j\omega N}}{1-e^{-j\omega}} = \frac{e^{-j\frac{N\omega}{2}}\left(e^{j\frac{N\omega}{2}}-e^{-j\frac{N\omega}{2}}\right)}{e^{-j\frac{\omega}{2}}\left(e^{j\frac{\omega}{2}}-e^{-j\frac{\omega}{2}}\right)} = e^{-j\frac{(N-1)\omega}{2}}\frac{\sin\left(\frac{N\omega}{2}\right)}{\sin\left(\frac{\omega}{2}\right)}$$

$$= W_N(\omega)e^{-j\frac{(N-1)\omega}{2}}$$

其中频域幅度函数 $W_N(\omega) = \dfrac{\sin\left(\frac{N\omega}{2}\right)}{\sin\left(\frac{\omega}{2}\right)}$，相移为 $-\frac{N-1}{2}\omega$。图 8-4 示出了对无限长因果信号进行截断的过程。

接下来讨论这种截断对滤波器性能带来的影响。我们以理想低通滤波器为例分析，其频率函数为

$$H_d(e^{j\omega}) = H_d(\omega)e^{-j\omega\alpha} = \begin{cases} e^{-j\omega\alpha} & |\omega| \leqslant \omega_c \\ 0 & \omega_c < |\omega| < \pi \end{cases}$$

其中 $H_d(\omega)$ 是幅度函数，在 $|\omega| \leqslant \omega_c$ 的范围内值为 1，在 $\omega_c < |\omega| < \pi$ 的范围内值为 0。其对应的样值响应为

$$h_d(n) = \frac{1}{2\pi}\int_{-\pi}^{\pi} H_d(e^{j\omega})e^{j\omega n}d\omega$$

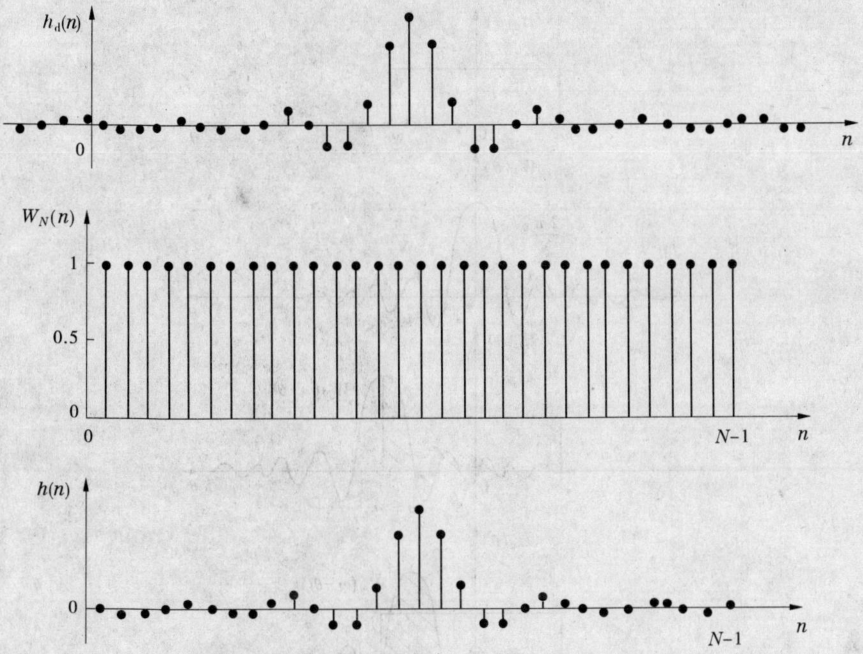

图 8-4　采用窗信号对无线长非因果系统进行截断

$$= \frac{1}{2\pi}\int_{-\omega_c}^{\omega_c} e^{-j\omega\alpha} e^{j\omega n} d\omega = \frac{\sin[\omega_c(n-\alpha)]}{\pi(n-\alpha)}$$

其中 α 是相移常数。选取 $\alpha = \frac{N-1}{2}$ 使得理想低通滤波器与矩形窗函数有相同的相移，根据傅里叶变换的相关知识可知，两个离散序列在时域相乘，其对应的频域函数就做卷积运算。如果对于所有的 n 值都有 $W_N(n) = 1$，则 $h(n) = h_d(n)$，窗函数长度越长，$h(n)$ 就会越接近 $h_d(n)$，但这就会使得运算量加大，因此应根据实际需要选取窗函数的长度。采用一个长度为 N 的窗函数对 $h_d(n)$ 进行截断，得到的 $h(n)$ 的频域函数表达式为

$$H(e^{j\omega}) = \frac{1}{2\pi}H_d(e^{j\omega}) * W_N(e^{j\omega}) = \frac{1}{2\pi}\int_{-\pi}^{\pi} H_d(\theta) e^{-j\frac{N-1}{2}\omega} W_N(\omega-\theta) e^{-j\frac{N-1}{2}(\omega-\theta)} d\theta$$

$$= e^{-j\frac{N-1}{2}\omega} \frac{1}{2\pi}\int_{-\pi}^{\pi} H_d(\theta) W_N(\omega-\theta) d\theta$$

$$= H_g(\omega) e^{-j\frac{N-1}{2}\omega}$$

其中幅度函数 $H_g(\omega) = H_d(\omega) * W_N(\omega)$，其卷积过程如图 8-5 所示。

通过观察卷积表达式可以看出，$H_g(\omega)$ 值的大小与 $H_d(\theta)$ 和 $W_N(\omega-\theta)$ 两者的乘积密切相关。在卷积过程图中可以看到，对 $H_g(\omega)$ 值影响最大的是 $W_N(\omega-\theta)$ 的主瓣，当 $\omega = \omega_c$ 时，$W_N(\omega-\theta)$ 与 $H_d(\theta)$ 的重叠部分为 $\omega = 0$ 时两者重叠部分的一半，因此当 $\omega = \omega_c$ 时 $H_g(\omega)$ 的值为 $\frac{H_g(0)}{2}$；当 $\omega = \omega_c - \frac{2\pi}{N}$ 时，主瓣完全位于通带内，而最大的负值旁瓣尚未进入通带，因此 $H_g(\omega)$ 达到最大值；相对应地，当 $\omega = \omega_c + \frac{2\pi}{N}$ 时，主瓣完全位于阻带内，而最大的负值旁瓣尚未进入阻带，因此 $H_g(\omega)$ 达到最小值。

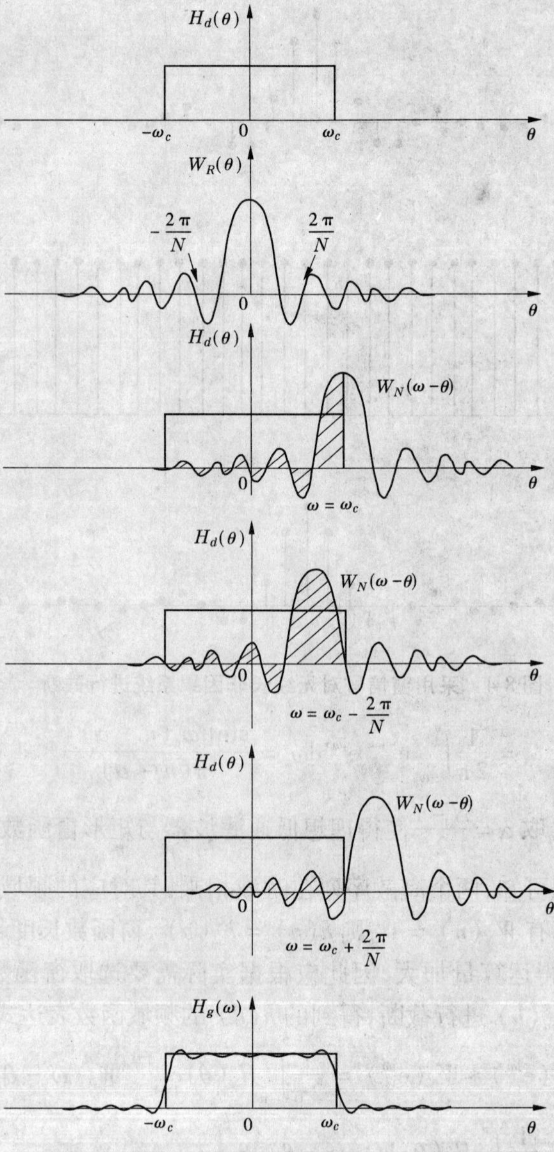

图 8-5　低通滤波器与窗信号的幅度函数卷积过程

随着窗函数长度的增加，对 $h_d(n)$ 截断造成的影响会越来越小，$h(n)$ 会越来越接近 $h_d(n)$ 。图 8-6 示出了对一个带宽为$\frac{\pi}{2}$的理想低通滤波器采用不同长度的窗函数进行截断所得到的 $H_g(\omega)$ 图像。随着 N 的增大，函数 $W_N(\omega-\theta)$ 主瓣的宽度在减小，函数形状越来越接近单位冲激序列，尽管每个瓣的宽度在变化，但每个瓣的面积却是常量，因此尽管在频带边界出现的振荡会加快，但振幅是不变的。

我们希望被窗函数截断后的滤波器过渡带宽度小，振荡幅度小，阻带的衰减大，通过选择不同的窗函数可以带来特性的改变，但这些特性通常很难被同时满足，而只能在这些特性中做出折中的满足需求的选择。除了矩形窗函数，还有其他的一些常用窗函数。

(1)汉宁窗函数。

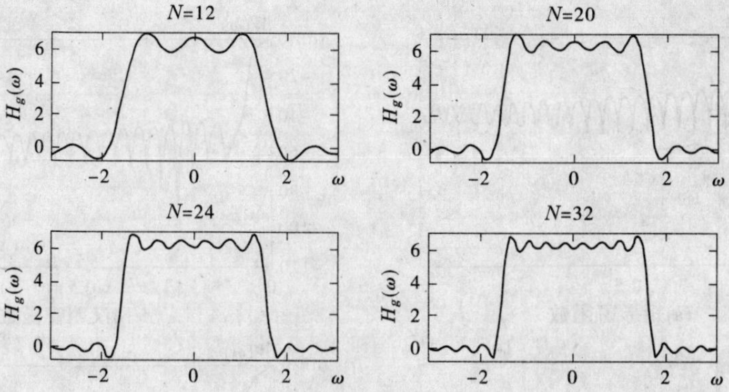

图 8-6　不同长度窗函数对理想滤波器进行截断后的幅频特性

$$w(n) = \frac{1}{2}\left[1 - \cos\left(\frac{2\pi n}{N-1}\right)\right]R_N(n)$$

$$= 0.5R_N(n) - 0.25\left(e^{j\frac{2\pi n}{N-1}} + e^{-j\frac{2\pi n}{N-1}}\right)R_N(n)$$

其对应的频域函数为

$$W(\omega) = 0.5W_R(\omega) + 0.25\left[W_R\left(\omega - \frac{2\pi}{N-1}\right) + W_R\left(\omega + \frac{2\pi}{N-1}\right)\right]$$

其中 $W_R(\omega)$为矩形窗频谱。汉宁窗频谱由 3 个矩形窗频谱叠加而成,使得旁瓣相互抵消,能量集中在主瓣,旁瓣得到抑制,但是主瓣宽度变宽。

(2)汉明窗函数。

$$w(n) = \left[0.54 - 0.46\cos\left(\frac{2\pi n}{N-1}\right)\right]R_N(n)$$

汉明窗函数是对汉宁窗函数的改进,在主瓣宽度相同的情况下,旁瓣进一步减小,因此能量更加集中在主瓣中。

(3)布莱克曼窗函数。

$$w(n) = \left[0.42 - 0.5\cos\left(\frac{2\pi n}{N-1}\right) + 0.08\cos\left(\frac{4\pi n}{N-1}\right)\right]R_N(n)$$

从表达式中可以看出,为了进一步抑制旁瓣,增加了一个二次谐波余弦分量,然而主瓣的宽度进一步增加了。

表 8-1 给出了 4 种窗函数的特性对比,应根据具体应用的需要选择合适的窗函数。图 8-7示出了 $N=51$ 时 4 种窗函数的幅频特性(对数坐标)。

表 8-1　4 种常用窗函数的特性对比

窗函数	主瓣宽度	过渡带宽	旁瓣峰值衰减(dB)	阻带最小衰减(dB)
矩形窗函数	$4\pi/N$	$1.8\pi/N$	−13	−21
汉宁窗函数	$8\pi/N$	$6.2\pi/N$	−31	−44
汉明窗函数	$8\pi/N$	$6.6\pi/N$	−41	−53
布莱克曼窗函数	$12\pi/N$	$11\pi/N$	−57	−74

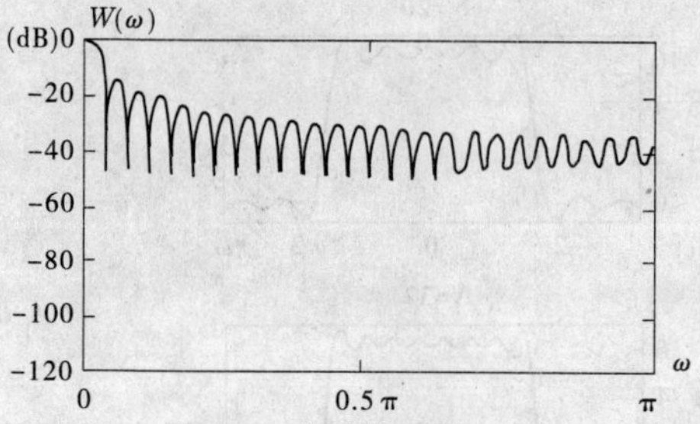

(a)矩形窗函数

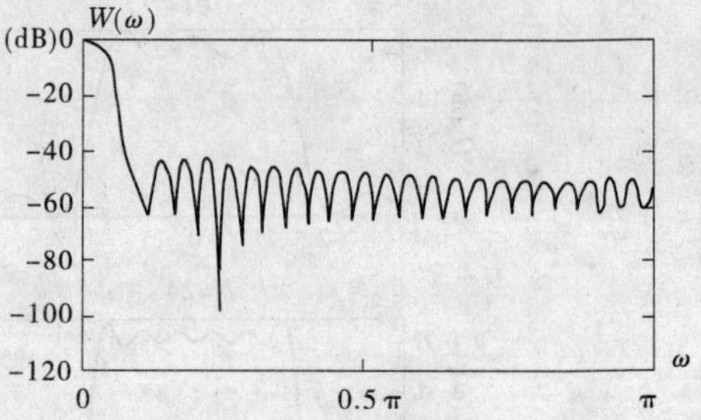

(b)汉明窗函数

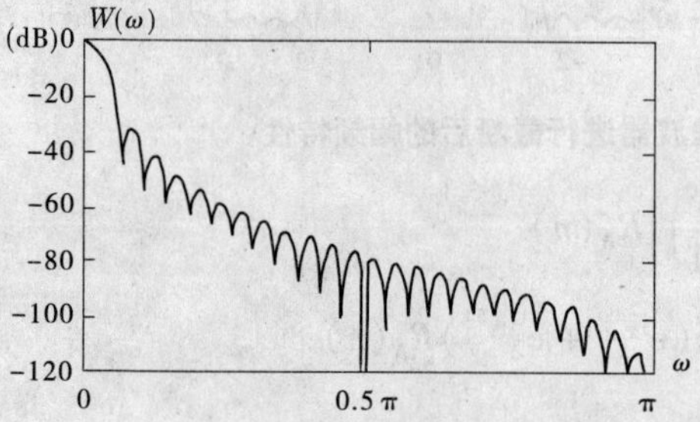

(c)汉宁窗函数

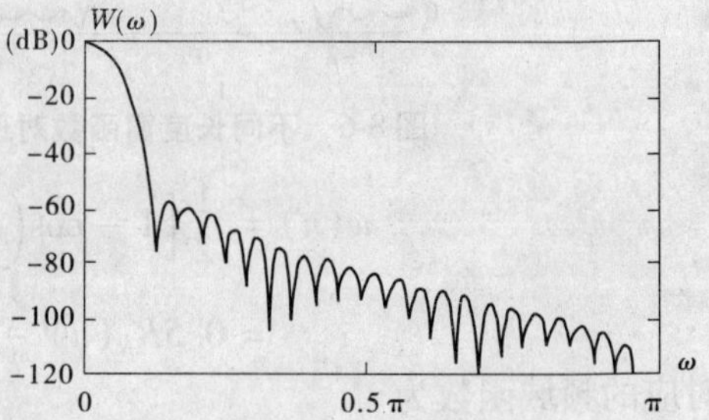

(d)布莱克曼窗函数

图 8-7　$N=51$ 时 4 种常用窗函数的幅频特性

【例 8-3】　根据下面的技术指标设计一个 FIR 线性相位低通滤波器。

阻带衰减：$20\lg 0.01=-40$ dB

过渡带：$(0.21-0.19)\pi=0.02\pi$

解　根据条件阻带衰减≤−40 dB，查表可知选用汉宁窗函数可满足要求，根据其过渡带宽来计算滤波器长度。

由于 $0.02\pi=\dfrac{6.2\pi}{N}$，因此 $N=\dfrac{6.2}{0.02}=310$，相移常数 $\alpha=\dfrac{N-1}{2}=154.5$。

选取截止频率为 $\dfrac{1}{2}(0.21+0.19)=0.20$，根据截止频率可以得到理想低通滤波器

$$h_d(n)=\frac{\sin[0.2\pi(n-\alpha)]}{\pi(n-\alpha)}=\frac{\sin[0.2\pi(n-\alpha)]}{\pi(n-\alpha)}$$

故

$$h(n)=h_d(n)w(n)=\frac{\sin[0.2\pi(n-154.5)]}{\pi(n-154.5)}\left\{\frac{1}{2}\left[1-\cos\left(\frac{2\pi n}{N-1}\right)\right]R_N(n)\right\}$$

MATLAB 软件提供了多种命令以方便地获得不同的窗函数，因此借助 MATLAB 软件，可以较为容易地采用窗函数法设计 FIR 数字滤波器。

【例 8-4】　设计一个 FIR 数字滤波器，满足如下指标：

(1)通带截止频率为 $\omega_p=0.2\pi$；

(2)阻带截止频率为 $\omega_r=0.4\pi$，阻带衰减≥40 dB。

解　采用汉明窗函数来实现滤波器，MATLAB 提供了 hanming 函数，可以方便地获得汉明窗函数。输入以下程序文件：

```
wp = 0.2 * pi; wr = 0.4 * pi;              % 确定滤波器参数
tr_width = wr-wp;                          % 计算滤波器过渡带宽度
N = ceil(6.6 * pi/tr_width) + 1;           % 根据汉明窗函数特性计算滤波器长度
```

```
n = 0:1:N-1;
wc = (wr + wp)/2;
alpha = (N-1)/2;                    %计算相移常数
m = n-alpha + 0.01;
hd = sin(wc * m)./(pi * m);
w_han = hanming(N);                 %获得汉明窗函数
h = hd.* w_han;                     %原滤波器与汉明窗函数时域相乘
subplot(221);stem(n,hd);title('hd(n)');
subplot(222);stem(n,w_han);title('hanming');
subplot(223);stem(n,h);title('h(n)');
```

运行结果如图 8-8 所示,分别绘出了无限长滤波器、被汉明窗函数截断后滤波器的幅频特性。

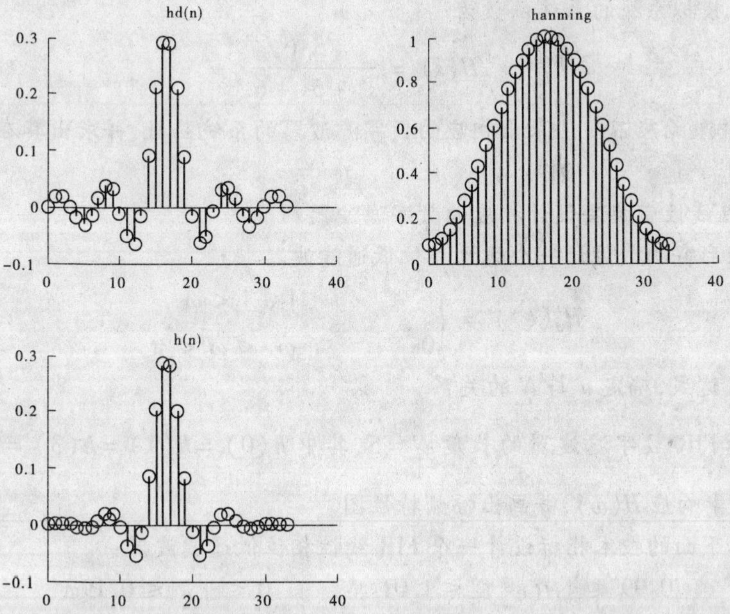

图 8-8　借助 MATLAB 软件采用窗函数法设计的 FIR 数字滤波器的幅频特性

第五节　IIR 与 FIR 数字滤波器的对比

IIR 与 FIR 数字滤波器都有很多种设计方法,各有其优缺点,没有哪一种滤波器同时具备所有的优点,因此只能根据实际应用中的需求,选择最需要的特性优先考虑,做出相应的设计。IIR 数字滤波器可以借助已有的模拟滤波器的设计公式来进行设计,非常便于人工计算。与 FIR 数字滤波器相比,IIR 数字滤波器可以由较低的阶数实现较高的选择性,因此降低了成本。然而非线性相位是 IIR 数字滤波器的一大缺点,因此在要求线性相位的场合不适于采用 IIR 数字滤波器。

FIR 数字滤波器有精确的线性相位,但是在设计中没有完整的设计方程可供使用,在使用窗函数法进行设计时,过渡带及边界频率不易控制,可能需要进行多次调整才能得到符合要求的设计。此外,窗函数法设计出的滤波器阶数一般较高,这就增加了实现该设计的成本。

因此,在设计滤波器时,必须均衡考虑参数指标、成本、设计工具等多种因素,才能选择出最合适的滤波器类型及设计方法。

小 结

本章重点讲述了数字滤波器的概念,以及无限长单位脉冲响应和有限长单位脉冲响应数字滤波器的基本结构与设计方法。

习 题

8-1 如果模拟系统的系统函数为

$$H(s) = \frac{s+1}{s^2+5s+6}$$

(1)试用冲激响应不变法求出相应的数字滤波器的系统函数,并求出其在 z 平面的零极点;

(2)试用双线性变换法设计相应的数字滤波器。

8-2 用矩形窗函数设计一个线性相位低通滤波器

$$H_d(e^{j\omega}) = \begin{cases} e^{-j\omega a} & |\omega| < \omega_c \\ 0 & \omega_c < \omega < \pi \end{cases}$$

写出 $h(n)$ 的表达式,确定 a 与 N 的关系。

8-3 已知 FIR 数字滤波器的长度 $N=5$,其中 $h(0)=h(1)=h(3)=h(4)=-\frac{1}{2}$,$h(2)=2$,求频率响应 $H(\omega)$,并画出幅频特性图。

8-4 根据下面的技术指标设计一个 FIR 线性相位低通滤波器:

$$0.99 \leqslant |H(e^{j\omega})| \leqslant 1.01 \qquad 0 \leqslant |\omega| \leqslant 0.19\pi$$

$$|H(e^{j\omega})| \leqslant 0.01 \qquad 0.21\pi \leqslant |\omega| \leqslant \pi$$

附录 MATLAB 信号处理函数

一、波形产生和绘图

chirp 产生扫描频率余弦
diric 产生 dirichlet 函数或周期 sinc 函数
gauspuls 产生高斯调制正弦脉冲
pulstran 产生脉冲串
rectpuls 产生非周期矩形信号
sawtooth 产生锯齿波或三角波
sinc 产生 sinc 函数
square 产生方波
strips 产生条图
tripuls 产生非周期三角波

二、滤波器分析和实现

abs 绝对值(幅值)
angle 相位角
conv 卷积和多项式乘法
conv2 二维卷积
fftfilt 基于 FFT 重叠加法的数字滤波
filter 递归(IIR)或非递归(FIR)滤波器的数字滤波
filter2 二维数字滤波
filtfilt 零相位数字滤波
filtic 函数 filter 初始条件确定
freqs 模拟滤波器频率响应
freqspace 频率响应的频率空间设置
freqz 数字滤波器频率响应
grpdelay 群延迟
impz 数字滤波器的脉冲响应
latcfilt 格型梯形滤波器实现
unwrap 相位角展开
zplane 零极点图

三、线性系统变换

convmtx 卷积矩阵

latc2tf　格型滤波器转换为传递函数形式
poly2rc　多项式系数转换为反射系数
rc2poly　反射系数转换为多项式系数
residuez　z－传递函数的部分分式展开
sos2ss　二阶级联转换为状态空间
sos2tf　二阶级联转换为传递函数
sos2zp　二阶级联转换为零极点增益形式
ss2sos　状态空间转换为二阶级联形式
ss2tf　状态空间转换为传递函数
ss2zp　状态空间转换为零极点增益
tf2latc　传递函数转换为格型滤波器
tf2ss　传递函数转换为状态空间
tf2zp　传递函数转换为零极点增益
zp2sos　零极点增益形式转换为二阶级联形式
zp2ss　零极点增益形式转换为状态空间
zp2tf　零极点增益转换为传递函数

四、IIR 滤波器设计——经典和直接法

besself　Bessel(贝赛尔)模拟滤波器设计
butter　Butterworth(巴特沃斯)滤波器设计
cheby1　Chebyshev (切比雪夫)1 型滤波器设计 (通带波纹)
cheby2　Chebyshev (切比雪夫)2 型滤波器设计(阻带波纹)
ellip　椭圆滤波器设计
maxflat　通用数字 Butterworth 滤波器设计
yulewalk　递归数字滤波器设计
buttord　Butterworth 型滤波器阶数的选择
cheb1ord　Chebyshev1 型滤波器阶数的选择
cheb2ord　Chebyshev2 型滤波器阶数的选择
ellipord　椭圆滤波器阶次选择

五、FIR 滤波器设计

cremez　复响应和非线性相位等波纹 FIR 滤波器设计
fir1　基于窗函数的有限冲激响应滤波器设计——标准响应
fir2　基于窗函数的有限冲激响应滤波器设计——任意响应
fircls　多频带滤波的最小方差 FIR 滤波器设计
fircls1　低通和高通线性相位 FIR 滤波器的最小方差设计
firs　最小线性相位滤波器设计
firrcos　升余弦 FIR 滤波器设计
intfilt　插值 FIR 滤波器设计

kaiserord　用凯赛(Kaiser)窗估计函数 fir1 参数
remez　Parks－McClellan 优化滤波器设计
remezord　Parks－McCllan 优化滤波器阶估计

六、变换

czt　Chirpz－变换
dct　离散余弦变换
dftmtx　离散傅里叶变换矩阵
fft　一维 FFT
fft2　二维 FFT
fftshift　函数 fft 和 fft2 输出的重新排列
hilbert　希尔伯特(Hilbert)变换
idct　离散余弦逆变换
ifft　一维逆 FFT
ifft2　二维逆 FFT

七、统计信号处理

cohere　两个信号相干函数估计
corrcoef　相关系数矩阵
cov　协方差矩阵
csd　互功率谱密度估计(CSD)
pmem　最大熵功率谱估计
pmtm　多窗口功率谱估计(MTM)
pmusic　特征值向量功率谱估计(MUSIC)
psd　自功率谱密度估计
tfe　传递函数估计
xcorr　互相关函数估计
xcorr2　二维互相关函数估计
xcov　互协方差函数估计

八、窗函数

bartlett　巴特利特(Bartlett)窗
blackman　布莱克曼(Blackman)窗
boxcar　矩形窗
chebwin　切比雪夫(Chebyshev)窗
hamming　汉明(Hamming)窗
hanning　汉宁(Hanning)窗
kaiser　凯塞(Kaiser)窗
triang　三角窗

九、参数建模

invfreqs　由频率响应辨识连续时间(模拟)滤波器
invfreqz　由频率响应辨识离散时间滤波器
levinson　Levinson - Durbin 递归算法
lpc　线性预测系数
prony　Prong 法的时域 IIR 滤波器设计
stmcb　利用 Steiglitz - McBride 迭代法求线性模型
besselap　Bessel 模拟低通滤波器原型设计
buttap　Butterworth 模拟低通滤波器原型设计
cheb1ap　Chevbyshev1 型模拟低通滤波器原型设计
cheb2ap　Chevbyshev2 型模拟低通滤波器原型设计
ellipap　椭圆低通滤波器原型设计

十、频率变换

lp2bp　低通至带通模拟滤波器变换
lp2bs　低通至带阻模拟滤波器变换
lp2hp　低通至高通模拟滤波器变换
lp2lp　低通至低通模拟滤波器变换

十一、滤波器离散变换

bilinear　双线性变换
impinvar　冲激不变法的模拟至数字滤波器变换

十二、交互式工具

sptool　交互式信号、滤波器和频谱分析工具

十三、特殊运算

cceps　复时谱分析
cplxpair　重新排列组合复数
decimate　降低序列的采样频率
deconv　解卷积和多项式除法
demod　通信仿真中的解调制
detrend　去除线性趋势
dpss　Slepain 序列
dpssclear　去除数据库 Slepain 序列
dpssdir　从数据库目录消去 Slepain 序列
dpssload　从数据库调入 Slepain 序列
dpsssave　Slepain 序列存入数据库

icceps　倒复时谱
interp　整数倍提高采样频率
medfilt1　一维中值滤波
modulate　通信仿真调制
polystap　稳定多项式
rceps　实时谱和最小相位重构
resample　任意倍数改变采样速率
specgram　频谱分析
upfirdn　利用 fir 滤波器转换采样频率

参 考 文 献

[1] 郑君里,应启珩,杨为理. 信号与系统(上下册)[M]. 2 版. 北京:高等教育出版社,2000.
[2] 应自炉. 信号与系统[M]. 北京:国防工业出版社,2005.
[3] 徐天成,钱冬宁,张胜付. 信号与系统[M]. 哈尔滨:哈尔滨工业大学出版社,2000.
[4] 燕庆明. 信号与系统教程[M]. 北京:高等教育出版社,2004.
[5] 沈元隆,周井泉. 信号与系统[M]. 北京:人民邮电出版社,2007.
[6] 姚天任. 数字语音处理[M]. 武汉:华中科技大学出版社,2003.
[7] 潘仲明,王跃科,杨俊. 现代测控理论基础——信号分析、处理与参数估计[M]. 长沙:国防科技大学出版社,2004.
[8] 董长虹. MATLAB 小波分析工具箱原理与应用[M]. 北京:国防工业出版社,2004.
[9] 谭阳红,何怡刚. 信号与系统分析学习要点与习题解析[M]. 长沙:国防科技大学出版社,2004.
[10] 段哲民,范世贵. 信号与系统[M]. 西安:西北工业大学出版社,2004.
[11] 曹才开,宋树祥,梅志红. 信号与系统[M]. 北京:清华大学出版社,2006.
[12] 管致中,夏恭恪. 信号与线性系统(上下册)[M]. 北京:高等教育出版社,2000.
[13] 金波. 信号与系统基础[M]. 武汉:华中科技大学出版社,2006.
[14] 张小虹. 信号与系统[M]. 西安:西安电子科技大学出版社,2003.
[15] 徐亚宁. 信号与系统[M]. 北京:电子工业出版社,2005.
[16] 聂祥飞,王海宝,谭泽富. MATLAB 程序设计及其在信号处理中的应用[M]. 西安:西安交通大学出版社,2005.
[17] 黄文梅,熊桂林,杨勇. 信号分析与处理——MATLAB 语言及应用[M]. 合肥:国防科技大学出版社,2000.
[18] 陈亚勇. MATLAB 信号处理详解[M]. 北京:人民邮电出版社,2001.
[19] 薛定宇,陈阳泉. 基于 MATLAB/Simulink 的系统仿真技术与应用[M]. 北京:清华大学出版社,2002.
[20] 姚俊,马松辉. Simulink 建模与仿真[M]. 西安:西安电子科技大学出版社,2002.